中公文庫

歴史と戦略

永井陽之助

中央公論新社

歴史と戦略　目次

戦略論入門
――フォン・クラウゼヴィッツの『戦争論』を中心として……11

I　奇　襲――「真珠湾」の意味するもの……19
象徴としての真珠湾／陰謀説は事実か？／奇襲の必要条件／現有兵力の優位／短期と長期の見通し／対米戦略――山本対井上／「山本長官の賭け」の謎／民主国は怒り狂ったとき戦う

II　抑止と挑発――核脅威下の悪夢……59
一九八四年の悪夢／抑止の失敗／抑止か挑発か／相互誤解の二つの要因／警告の読みちがい

Ⅲ　情報とタイミング――殺すより、騙すがよい……91
マーシャルの苦悩／真珠湾陰謀説の背景／コベントリーの悲劇／チャーチルの決断／暗号解読のディレンマ／欺瞞作戦／階級と情報活動

Ⅳ　戦争と革命――レーニンとヒトラー……132
ヒトラーの謎／対米宣戦布告の謎／ナチは全体主義か／全体主義の内と外／全体主義のルーツ／クラウゼヴィッツからレーニンへ

Ⅴ　攻勢と防御――乃木将軍は愚将か……169
目から鱗の落ちるとき／生かされなかった旅順の戦訓／「あと知恵」の錯誤／軍人たちの固定観念／戦略論からみた日露戦争／「非対称紛争」の意味

Ⅵ　目的と手段――戦史は「愚行の葬列」……212
戦略の本質／ベトナムでの米国のディレンマ／民族解放か革命戦争か／「無差別テロ」の目的／「システム分析」の功罪／「愚行の葬列」

単行本あとがき　251

インタヴュー　『現代と戦略』とクラウゼヴィッツ……254
「摩擦」の理論と「待ちの論理」／意図と結果のパラドックス／目的と手段のバランス／戦略的判断とは／教養に裏打ちされた洞察を

解説　人間学としての戦略研究　中本義彦　264

人名索引　277

新編　現代と戦略　目次

Ⅰ　防衛論争の座標軸
Ⅱ　安全保障と国民経済――吉田ドクトリンは永遠なり
Ⅲ　ソ連の脅威――軍事バランスという共同幻想
Ⅳ　有　事――日米運命共同体の幻想がくずれるとき
Ⅴ　戦略的思考――死こそ赤への近道
Ⅵ　摩擦と危機管理

永井陽之助氏への〝反論〟　岡崎久彦
対論　何が戦略的リアリズムか　永井陽之助×岡崎久彦

歴史と戦略

戦略論入門
——フォン・クラウゼヴィッツの『戦争論』を中心として

構造主義者流のいい方をかりれば、本書〔『新編現代と戦略』『歴史と戦略』〕のテキストは、フォン・クラウゼヴィッツの『戦争論』である。

だが、本文中（とくに『新編現代と戦略』第V章「戦略的思考」）で指摘したように、クラウゼヴィッツほど誤解された古典もない。その大きな理由のひとつは、この古典（ドイツ語）のいい英訳が最近（一九七六年）までなかったことによる。イギリスの戦史・戦略論の権威リデルハート卿でさえ、誤解しているほどである。これまで旧英訳本は二冊あった。ひとつは、一八七四年、ロンドンで出版されたJ・J・グラハム大佐によるもので、もうひとつは、一九四三年、ニューヨークで出版されたO・J・マチス・ジョレス教授のものである。前者の訳は、英文スタイルが古めかしいうえ、不正確であいまいな点が多く、クラウゼヴィッツ誤解の源（もと）となった。後者の訳は、前者より正確だが、どちらも、そのテキストとして一八三二年の初版本ではなく、クラウゼヴィッツの死後ドイツ陸軍参謀本部などの手で主観的解釈が加えられた改訂版を底本にしているため、誤解をまねく因をつくった。

今日、英訳の決定版は、マイケル・ハワードおよびピーター・パレット共訳で、一九七六年、プリンストン大学出版局から公刊されたものである。この英訳本（"On War" by Carl von Clausewitz, edited and translated by Michael Howard and Peter Paret, Princeton University Press, 1976）は、軍関係の大学のみならず、プリンストン、ハーバード、エールなど各大学の国際政治、戦略論研究学徒のテキスト（必読文献）として、ひろく使用されている。

とくに訳者二人による、くわしい解説（その歴史的背景、各国参謀本部や軍事専門家、レーニンをはじめ革命戦略理論への影響など）が付され、巻末に、米国での唯一人の本格的なクラウゼヴィッツ研究者であったバーナード・ブロディー（「抑止」という戦略概念の創始者の一人としても有名。『新編現代と戦略』第I章参照）のすぐれたコメントがついている。

この英訳は、一九三二年の初版本を元に、一九五二年、ウェルナー・ホールヴェク教授の手で編集されたドイツ語版をつきあわせて、テキストにしている。わが国でも、邦訳は多数公刊されている。古くは、森鷗外の訳（『大戦学理』鷗外全集第三十四巻所収）から、岩波文庫本、徳間書店版（淡徳三郎訳。抄訳ながら、読みやすい）などがあるが一長一短である。ドイツ語の初版本を底本として、英訳本（プリンストン大学版）を参考にして、日本版の決定訳（完訳）が公刊されるのを期待したい。鷗外訳は、ゲーテの『ファウスト』訳文をおもわせる名文調である。『戦争論』のもっとも重要箇所――「摩擦」の章をみると、「戦争間の作業は例えば抵抗多き塡物中に於てする運動の如し戦間尋常の活力を以てして中等の成績を挙ぐることの難きは水中にて最自然なる且最易なる運動即ち歩行の決して容易に正確に遂行すべからざると同じ此故に真に兵を知る者の兵を談ずるは譬へば游泳の師の空気中に在りて水中の諸運動を模倣するが如し水に想ひ及ばずして之を傍観せば誰か其奇怪にして倣大なるに驚かざらん」といった名調子である。さすがドイツ語の達人らしく正確、直截な名訳といっていい。残念ながら全訳ではないうえ、いまの若い人にとっては文体がいかにも古めかしい。

英訳本（プリンストン大学版）の訳者の一人、マイケル・ハワードは、オックスフォード大学のチチリ戦史講座担当の軍事史、戦略論の世界的権威である。わが国でも邦訳のある『ヨーロッパ史における戦争』（奥村房夫・奥村大作訳、二〇一〇年、中公文庫）は、小冊子ながら軍事技術の発展と戦略思想のからみあいを、社会・経済史との関連で概観した名著であり、戦史研究の入門書として推奨に値する。クラウゼヴィッツのよきライバルだったジョミニ（フランス系スイス人）の戦略論については、わが国には翻訳がほとんどなく、わずかその紹介としてジョミニ『戦争概論』（佐藤徳太郎訳、二〇〇一年、中公文庫）があるのみである。ジョミニの戦略思想は、アメリカの戦略思想に大きな影響をあたえ、とくに地政学の始祖でもある海上権力論のアルフレッド・T・マハンの友人として、彼に多大の影響を与えた。

マハンについては、麻田貞雄編・訳『マハン海上権力論集』（二〇一〇年、講談社学術文庫）がある。また十九世紀のドイツ戦略思想と軍組織の成立過程については、渡部昇一『ドイツ参謀本部』（二〇〇九年、祥伝社新書）、さらに、戦略思想の歴史的アウトラインをつかむには、E・アール『新戦略の創始者――マキアヴェリからヒトラーまで』（山田積昭訳、二〇一一年、原書房）が便利である。中東の石油危機以降、わが国でも欧米でも俗流地政学が流行しているが、冷戦において地政学的戦略論のはたした役割については、拙著『冷戦の起源』（二〇一三年、中公クラシックス）を参照されたい。

いうまでもなく、クラウゼヴィッツ自身、たいへんな戦史研究者であった。戦略的思考をやしなう第一歩は、戦史をよく学ぶということである。ただ、戦史を学ぶにあたって、ぜひお勧めしたいのは、I・バーリン『ハリネズミと狐――「戦争と平和」の歴史哲学』（河合秀和訳、一九九七年、岩波文庫）である。同書においてイギリスの碩学（政治思想史）サー・アイザー・バーリンは、トルストイの歴史哲学を解剖することによって、マキアヴェリから、マックス・ウェーバーにいたる実践的な政治思惟の本質――つまり歴史における拘束と選択という根本問題にせまっている。戦雲状況における不確実性、エリートとマス（参謀、指揮官と兵士）、そのなかでの指導者の責任、といった重要な問題をふくみ、戦史研究の最高の入門書となっている。

その他、アーネスト・メイ『歴史の教訓――アメリカ外交はどう作られたか』（進藤栄一訳、二〇〇四年、岩波現代文庫）は、米外交史の第一人者のメイ教授（ハーバード大学）による名著のひとつである。戦史に学び、歴史の教訓を云々するとき、過去の事実は、物理的な自然の事実とちがって、ある「意味の文脈」で解釈された事実にすぎない。それが、いかに政治指導者によって誤用・悪用されてきたか（「ミュンヘンの教訓」から「戦略爆撃の神話」まで）について、第一次史料の綿密な分析にもとづいて、あきらかにしている。

その他、リデルハート卿の、第一次、第二次世界大戦史（上村正雄訳、中央公論新社）をはじめ、おびただしい戦史、戦記ものが出版（とくに太平洋戦争）されている。

かつてサルトルは、その対独レジスタンスの体験から「自由とは恐怖である」と、告白しているが、戦闘という限界状況におかれたとき、人間の実存があらわになる。その独自（ユニーク）な状況は、個人の体験ごとにちがっているうえ、クラウゼヴィッツのいうように、個々の戦闘はカメレオンのように千変万化する。であるがゆえに、こんにち、企業、技術、貿易など、日々のビジネスにおいて競争と戦闘にあけくれるビジネスマンや政治家や行政官などの実践者は、自分の生きている実人生を、戦記と戦史に投影することが可能となる。そこにつきせぬ人間的興味と関心がうまれるのは、けだし、とうぜんなのである。

フォン・クラウゼヴィッツ研究にとって、必読のものとしてレイモン・アロン『戦争を考える――クラウゼヴィッツと現代の戦略』（佐藤毅夫・中村五雄訳、一九七八年、政治公報センター）をあげざるをえない。原書は、Raymond Aron, *Penser la guerre, Clausewitz*, Gallimard, 1976.である。その五部のうち、最後の二部のみの邦訳であるが、最近、英訳（ただし、全訳ではない。若干の省略がある）が、ロンドンから出版された。Raymond Aron, *Clausewitz: Philosopher of War*（translated by Christine Booker and Norman Stone）, Routledge & Kegan Paul, London, Melbourne and Henley, 1983.

レイモン・アロンは、マキアヴェリ、ホッブズ、フォン・クラウゼヴィッツから、マルクス、レーニン、マックス・ウェーバーにいたる、近代西欧政治思想史上、政治的リアリズムの正統な後継者として、二十世紀を代表する政治理論家の一人である。同書は、彼の多彩な知的活躍のなかでも傑作といわれる。クラウゼヴィッツ生誕二〇〇年祭をむかえ、先のプリンストン大学出版局の英訳決定版の公刊とともに、右のレイモン・アロンの大著は、欧米思想界で、クラウゼヴィッツ見直しムードをつくりだす原動力となった。

ハーバード大学のスタンレー・ホフマン教授（ヨーロッパ研究所所長）は、右の政治的リアリズムの系譜にたつ、レイモン・アロンのもっともよき後継者であるが、教授は、ある論評のなかで、戦後の〝科学的〟と自称する、あまたの、がらくた政治学の瓦礫のなかで、同書のみが不朽の古典として生き残るだろうと述べたのはよく知られている。

プリンストン大学出版局の決定訳公刊や、レイモン・アロンの研究などのインパクトとともに、こんにち欧米でのクラウゼヴィッツ流行は、すさまじい。一、二の例をあげれば『ナショナル・ディフェンス』(早川書房)の著者、ジェームズ・ファローズをはじめ、冷戦史研究のジョン・L・ギャディス教授の最近の論文、著作をはじめ、外交・戦略研究者で、クラウゼヴィッツ(とくに、「摩擦」の概念)を引用しないものはほとんどないといっていい。本書を書きおえてから、書店で米陸軍歩兵大佐、ハリー・G・サマーズ・ジュニアの『戦略について――ベトナム戦争の批判的分析』(Harry G. Summers, Jr., *On Strategy: A Critical Analysis of the Vietnam War*, PresidioPress, 1982)を、たまたま見つけた。実戦指揮官の立場から、ベトナム戦争の戦略的批判を展開しているのだが、全篇、クラウゼヴィッツの『戦争論』の引用でうまっている。とくに、「摩擦」の概念をキーワードとして使用している。同書は、机上のプランナーの立場ではない現場の実戦指揮官の立場からのベトナム戦争批判として、左右をとわず、高く評価されている。

わが国の一部の戦略、軍事問題専門家のなかに、クラウゼヴィッツは、時代おくれだという、それこそ時代おくれの謬見が、まかり通っているが、戦略を研究し、戦史をよむということは、人間性を知ることにほかならない。このことをクラウゼヴィッツとともに片時も忘れないでほしいと思う。

＊この稿の文献情報は二〇一六年十一月現在のものに改めた。（編集部）

I　奇　襲――「真珠湾」の意味するもの

アメリカ人の意識では、パール・ハーバーは、日本人にとってのヒロシマに匹敵する象徴となっている。知米派をもって認じた山本五十六長官がなぜアメリカ国民の反応をみあやまったのか。山本長官の決断にひそむものはなんであったか。「核兵器によるパール・ハーバーの教訓」が警告されている現在、この謎の究明は重大である。

象徴としての真珠湾

一九八二年九月から一年間、私はハーバード大学の客員教授として、ケンブリッジ市に滞在した。その滞在中、日本のことが話題になると、きまってでてくる、例の「将軍」(ジェームズ・クラベル原作のベストセラーのテレビ化。アメリカ人は、ショウガンと発音する)をテレビの再放送で見ることができた。俗悪とはいわないが、例の東洋エキゾチズムにみちた二流のテレビ映画がどうして当ったのか、理解にくるしむような代物であった。だがアメリカの日本研究者は、「将軍」こそ対日イメージを変えるうえで絶大な威力を発揮したと、口をそろえていう。内容はともあれ、約四〇〇年以前の日本があれほどの高度文化をもっていたこと、いまのアメリカ人が見うしなった献身、忠誠、恥、名誉、規律の価値の重さをわれわれに教えてくれた、という。

さらにある著名な日本研究者は、庶民レベルのアメリカ国民の日本像をつくったのは、この「将軍」と「パール・ハーバー」かもしれないと言いきった。彼のこの言葉は、私の脳裡にふかく刻みこまれていまなお離れない。まさに、「パール・ハーバー」というマイナスの日本像と、「将軍」というプラスの日本像を両極として、ひろい米国民大衆の日本人像はつくられているといっても過言ではない。

ある一般市民の会で、たまたま私がヒロシマの原爆投下に言及したとき、間髪をいれず、「パール・ハーバーはどうした」という反撥がかえってきた。この経験は私一人だけのものではない。繊維交渉から自動車にいたる日米経済摩擦でどれほどパール・ハーバーの語が米国の議員・ビジネス指導者の口からもれたことか。「われわれは、いま怒濤のような日本製品の魚雷攻撃をうけて沈みつつあるのだ」といった文句は、地方紙をみればざらにお目にかかれる。

長崎への原爆投下の数日後、トルーマン大統領自身、友人にあてた私信で、「私ほど原爆使用で心を乱されたものはいない。しかし、私は真珠湾の奇襲や、戦時捕虜の殺害で同様に大きく心を乱されてきた。日本人が理解するとおもわれる唯一の言葉は、かれらをやっつける例のもの（原爆のこと）しかない。けだものを扱うには、けだものとして遇するしかない。残念ながら、これは真実だ」と書いて、暗にヒロシマ・ナガサキにたいする原爆投下を、真珠湾の奇襲で正当化しようとしている。

逆からいえば、アメリカ人の良心にとって、ナチのアウシュビッツにもひとしい、この残虐行為は、おそらく、われわれの想像をこえる罪責感の重圧になっているにちがいない。その罪の意識を相殺（そうさい）するにたりる理由づけと道義的怒りが必要とされてきたのである。われわれがヒロシマ・ナガサキを永遠に忘れないように、かれらもパール・ハーバーを永遠に忘れない。アメリカ人の深層心理において、パール・ハーバーはヒロシマに匹敵する重みをもつ「象徴」となっている。

さらに、戦後の米ソ冷戦、とくに核軍拡競争の激化につれて、ふたたびパール・ハーバーの語が米国指導層の口からもれるようになった。私が帰国する一ヵ月ほどまえ、『ニューヨーク・レヴュー・オブ・ブックス』（高級書評誌。リベラルな論評で有名）の八月号に、テオドア・ドレイパー（著名な進歩派の歴史家）と、ワインバーガー国防長官とのあいだに交わされた、核戦争にかんする公開論争が掲載され、識者の注目をあつめた。その数回におよぶ論争のなかで、ワインバーガー国防長官は、「パール・ハーバーの教訓」をもちだして、現レーガン政権の核戦略を正当化している。この往復書簡の公開については、若干の背景説明が要る。

一九八二年十一月四日、この『ニューヨーク・レヴュー』誌に、テオドア・ドレイパーの「拝啓・ワインバーガー氏への公開質問」という記事が掲載されて話題をよんだ。その背景には、わが国の新聞でも報道されてよく知られているように、八二年八月、ワインバーガー国防長官が欧米約四〇ヵ国の新聞編集者あてに書簡を送って、「ソ連の指導者の意図がどうであれ、現にかれらは核戦争を開始し、それに勝てると信じ、着々とその準備をすすめている。それは、核兵器の数量と、その戦略のあり方からみても推定できる」と述べていた。これは、中距離核ミサイル（INF）導入問題をめぐって西欧諸国にたかまる反核運動、そしてレーガン政権のとる危険な対ソ政策と核戦略への不安感をしずめ、西欧諸国民の多くの疑惑に答えるためであった。国防長官の意見に対するドレイパーの反論は、八三年四月に公刊された『現代史』という彼の新著のなかにも収録されている。

その一ヵ月後、八三年の五月に、ドレイパーは、国防長官から予期しない再反論をうけとった。現職の国防長官じきじきの反論は異例のことで、『ニューヨーク・レヴュー』誌は、その全文を掲載した。さらに八三年六月にドレイパー氏の再反論にこたえるかたちで国防長官は、きびしい反駁文を寄せた。つまり、「合衆国の核兵器のもつ抑止力としての価値は、合衆国が攻撃されたとき、これにたいする米国の報復能力いかんによる」という長官の持論をくりかえし、語をついで、「このことは、これらの兵器（核兵器）のプレゼンスだけでは十分の抑止にはならない。もし侵略国が、絶好のタイミングで、よく準備された核第一撃をくわえるならば、わが方のもつ適切な報復能力を破壊することができるからである」と指摘し、「貴方もよくおぼえているように、一九四一年、わが太平洋艦隊は、当時、十分に強力であったにもかかわらず、日本の指導者がわが艦隊を撃滅できると信じ、かつ、一撃のもとに勝利をかちとることが可能と信じたがゆえに、抑止に失敗したのである」と、「パール・ハーバーの教訓」をもちだしている。このワインバーガー国防長官の、「パール・ハーバーの教訓」なるものは、現在の米ソ間の核緊張にも妥当する「過去の教訓」なのだろうか。

ここでは、わが国でひろく信じられているルーズベルト陰謀説にふかいりするつもりはない。有名なチャールズ・A・ビアードから、最近のジョン・トーランドにいたるまで、くりかえし修正主義学派のさまざまな陰謀説が登場した。だが、アカデミックな歴史家の批判にたえうるような新証拠はいまだひとつも提出されてはいない。現地での印象では、わが国でたいへん評判になったジョン・トーランドの新著（邦訳『真珠湾攻撃』徳岡孝夫訳、文藝春秋）は、極言すれば、ほとんど無視されたといっていい。むしろ、故ゴードン・W・プランゲの労作『払暁の惰眠』（一九八二年、ペンギン・ブックス）は、ベストセラーとなり、戦後三五年におよぶ綿密な面接調査と資料分析による、この大著から私も得るところ大であった。

陰謀説は事実か？

にもかかわらず、わが国の、これはとおもう有識者のなかに、まだ、この陰謀説を信じている人が意外に多い。察するに、アメリカ人がパール・ハーバーの「卑劣きわまる、だまし討ち」を信じることで、ヒロシマ・ナガサキの非人道行為を正当化しようという心理がはたらいているのとおなじように、われわれもまた、ルーズベルト陰謀説を信じることで、モヤモヤした戦後の対米コンプレックスを一掃し、わが国の自立と誇りを回復したい願望がかくされているのだろう。

戦後においてこんにちほど米指導者によってソ連の軍事的脅威論が、ヒステリックにさけばれたことはなかった。右のワインバーガー国防長官の警告にしめされるように、はたして真珠湾攻撃は、ソ連の核先制攻撃の可能性をしめすものだろうか。真珠湾は、抑止の失敗の実例というより、米国にとって抑止のつもりの経済制裁が、日本にたいする挑発になった好例ではないだろうか。私は、ハーバード大学の日米関係プログラムで会った日本人留学生（ＭＩＴの大学院学生）から興味ある話をきかされた。彼がゼミで真珠湾について報告したとき、ルーズベルト大統領の対日石油禁輸措置のことにふれた。ところが、アメリカの学生は、いっせいに、「本当か。そんな事実はいまはじめてきいた。石油のない日本にたいしてそんなヒドいことをルーズベルトが本当にやったのか？」と異口同音に問い、アドミラル・ヤマモトが真珠湾奇襲に出たのもやむをえなかったのかもしれない、と考えはじめたという。正直のところ、ハーバードやＭＩＴの学生があまりにも歴史の知識に欠けている（日本の大学生も似たようなものだが）のに、いつもおどろかされているが、この話には本当にびっくりさせられた。率直にいって、右のワインバーガー長官の「パール・ハーバーの教訓」なるものも、アメリカの大学生と、その歴史認識において五十歩百歩なのであるまいか、と感じさせられた。また、最近のアメリカ学生の歴史知識の欠如を、つねに嘆いているデヴィッド・リースマン教授（ハーバード大学名誉教授、『孤独なる群衆』の著者で、世界的に有名な社会学者）は、口ぐせのように、真珠湾攻撃の謎に言及する。山本長官はじめ多くの軍指導者は、デトロイトもテキサス油田地帯も直接見てよく知っているのに、どうして、あんなバカなことをやったのか、というとうぜんの疑問である。教授のような合理主義者には、よほど、腑におちない謎と映じるらしい。いまでも「真珠湾は野村〔吉三郎〕大使らによる日米交渉を妨害しようとくわだてた一部の軍部強硬派によるクーデタの一種ではなかったか」という仮説（『二十世紀と私』中公新書参照）を棄てきれないでいるようすであった。いまでも内外に、山本五十六愚将説もしくは凡将説は山ほどある。『合衆国海軍第二次大戦史』で、サミュエル・モリソンが、真珠湾攻撃について、「戦略的には愚行のきわみ」とさえ評していることはよく知られている。

たしかに、時と処（ところ）をおきかえて、ベトナム戦争にあてはめてみればよくわかる。北ベトナムの指導部が、太平洋開戦時の、わが指導部ていどの頭脳で、ソ連か中国から数発の核爆弾をもらいうけ、ダナン、カムランの基地、あるいは、フィリピンの米軍基地に、決死の奇襲をしかけたら、ベトナム戦争の帰結がどうなっていたか、ということを考えてみれば、リースマン教授のいだく疑問やモリソンのいう愚行説も、おのずと、なっとくがいくにちがいない。だが、いまでも、純粋に軍事戦略論的立場からみると、真珠湾攻撃は大成功であったと信じている一部の軍事専門家がいることは事実である。また、旧軍人出身の自衛官にも多い見解だといわれる。

ただし、私も一時、山本五十六愚将説の信者であったし、太平洋戦争当時、山本五十六に比較して、国際的水準に達した唯一の高い知性をもつ名将として、井上成美大将（当時、中将）を尊敬し、いまでも日本人として誇りにおもっている。だが、在米中、多くの資料を読み、よくよく考えると、井上成美の「新軍備計画論」にみられる合理的な持久戦略が、はたして山本の真珠湾攻撃より、合理的であったか。日本人の国民性や世論という政治的要因を考慮にいれたばあい、井上戦略は、どれだけの現実可能性があったか。この問題は、見かけほど単純ではない。また、井上成美が日本の北部仏印進駐以降の南方戦略について、「アメリカがよくあれまで我慢したものと思う。資金の凍結や油の禁輸などは窮余の策で、まだまだおとなしい方だ。日本のやり方は傍若無人と云うの外はない」（井上成美伝記刊行会『井上成美』巻末資料）と、もらしているが、これが国際常識というものであろう。また、ルーズベルトの「資産凍結」は、右の井上発言が正確に語っているように、日本を経済的に「しめあげる」意図はなく、むしろ、おだやかなものであった。それは、石油禁輸措置にいたる、きびしい経済制裁の前兆ではけっしてなかった。だが日本の指導層は、資産凍結に直面して、なぜあのようにおもいつめてしまったのか（この点は次章参照）。真珠湾をめぐって、数多くの疑問が生じる。そして、それらの謎をひとつひとつ解くことが、日米間の認識ギャップを少しでもちぢめ、現代の米ソ間の核対決の危機を回避し、あやまった「真珠湾の教訓」の呪縛から、逃れうる唯一の道であろう。

奇襲の必要条件

まず第一に指摘しなければならないことは、ワインバーガー国防長官の「パール・ハーバーの教訓」なるものにも、ある種の真実がふくまれていることである。奇襲は、一時にせよ、そのとき臨戦態勢にある「現有兵力」(forces in being)の一関数であり、そのおよぼす心理的相乗作用のため、軍事用語でいう「兵力乗数効果」(force multiplier)をもつことは否定できない。しかし、これは、一面の真理にすぎない。それは奇襲を可能にする、ひとつの必要条件であっても十分条件ではない。たしかに、奇襲を敢行する能力(現有兵力)をもち、敵の司令部、核ミサイル、軍事施設の中心部を九〇パーセント以上撃滅できる能力と意思があれば、現代の核時代には、奇襲は決定的に有利であろう。「核兵器によるパール・ハーバー」は、有名なロバータ・ウォールステッター女史の、この分野での先駆的業績いらい、いくどとなくかたられてきた。「全体主義国家が、将来、熱核兵器で奇襲をくわだてたばあい、どうやってこれをふせぐことができるか。暗号解読、翻訳技術の機械化がすすみ、情報収集・分析技術がどんなに発達しても、パール・ハーバーいらい、奇襲についてのバランス・シートは、あきらかに攻撃側に有利にかたむきつつある」と、女史は、古典的労作『パール・ハーバー――警告と決定』（一九六二年）の末尾で結論づけている。最近でも、ブルキングズ研究所のリチャード・ベッツが、ヒトラーの東西両戦線での電撃作戦、パール・ハーバー、朝鮮戦争、三回におよぶアラブ＝イスラエル紛争など、この四〇年間の奇襲成功の事例を綿密に分析した結果、奇襲防止と、戦争抑止とのあいだに、ある種のトレード・オフの関係があることをするどく指摘している（『奇襲――防衛計画への教訓』一九八二年）。つまり、抑止がうまく効いてデタントの空気が支配的になると、心のゆるみが生じ、油断する。政治指導者の油断と予断こそ、奇襲成功の最大の理由である。その逆に、あらゆる奇襲にそなえて、現有兵力の臨戦態勢を強化すれば、その過度の警戒の長期化は、いわゆる「狼少年シンドローム」をうみ、他方で過剰防衛のゆえに、かえって敵への挑発となりやすい。

ただ、ウォールステッターからベッツにいたる奇襲の研究は、その多くが、暗号解読の失敗、予断、偏見、情報と雑音の分離の失敗など、インテリジェンスの技術的問題に関心を集中しすぎている。そういってはやや酷であるが、一種の屍体解剖にすぎないようにおもえる。いったい、奇襲というのは、その定義上、不意をつかれた攻撃のことで、十分の準備をしていない敵にたいする攻撃のことである。おそらく多くの戦闘で、奇襲を意図しながら失敗した例は多数あるにちがいないが、成功したケースだけが、「奇襲」として歴史にのこる。それが成功したのは、定義上、やられた側の失敗に対応している。油断、予断、情報と雑音の選別失敗など、あげればきりのない失敗の理由があるのはとうぜんのことである。これは一種の同義語反復（トートロジー）ではあるまいか。このような死児の齢を数えるにひとしいことをいくらやっても、奇襲の防止には役にたたないであろう。

むしろ現在の核戦争の脅威下で、われわれが、もっとも知りたい問題は、なぜ奇襲をくわだてるのか。かれらを奇襲に駆りたてる誘因はなにか。その動機と意図の解明でなければならない。「なぜ奇襲に成功したか」や「どうしたら奇襲を防止できるか」ではなく、奇襲を計画し、くわだてる攻撃側のインセンティブ（誘因）はなにか、という政治と心理の問題である。

なぜかというと、「攻撃は最大の防御なり」という軍事的きまり文句にもかかわらず、著名なイギリスの軍事戦略家で戦史家のリデルハート卿が力説しているように、それは、短期の戦術的真理ではあっても、長期の、戦略的真理ではないからである。敗者はつねに最初に攻撃した側にある、と彼は説いてやまなかった。戦史をひもとけば、ごく少数の例外（そのひとつに、わが日露戦争がある）をのぞいて、戦闘（バトル）では有利でも、戦争（ウォー）で最後に敗けている。これが戦史のしめす真実であるならば、なぜ、奇襲が跡をたたないのか。この疑問は、パール・ハーバーの事例分析にもきわめて重大である。

現有兵力の優位

核兵器の出現によって、有事にそなえて即応態勢をとれる軍事力、つまり「現有兵力」の存在価値があがってきたことは、まぎれもない事実である。開戦時、実戦ですぐ使える兵力をどれだけもつかによって決定的な差がでてきた。一九四五年以前には、いつ、どこで、最後の勝敗をわける「決戦」をやるかの決定について、空間・時間上の「ゆとり」があった。兵力動員のための猶予期間や、いわゆる「時の氏神」というか、「緩衝地帯」の空間上の「あそび」もあった。第二次大戦までは、その国力の最終テストに賭ける決戦のとき（たとえば、第二次大戦でのノルマンディー上陸作戦）まで、一時ヨーロッパ全土をヒトラーの占領下においても、諸資源を動員して力のバランスを一挙に回復する時間かせぎが可能であった。

その点から、冷戦初期の「封じ込め戦略」の策定者であったジョージ・ケナンが、国務省の政策企画部長時代、ある文書で明確に指摘しているように、第一次、第二次両大戦が教えた最大の教訓は、ヨーロッパ、アジア両地域で局地的覇権の確保をねらう国家は、まず、米本土に備蓄された工業潜在力に決定的な打撃をあたえる能力をもたないかぎり、最後の勝利者にはなれないということがあきらかになったことである。

だが、このケナンの戦略で前提とされていた「時間」と「空間」の地政略的要素は、現代テクノロジーの急速な進歩、とくに核ミサイルの命中精度の飛躍的な能力向上によって、もろくも崩れはじめたかにみえる。これが、いわゆる「脆弱性の窓」理論といわれるもので、ワインバーガー国防長官の右の発言は、その前提にもとづいている。つまり、一九八〇年代中葉以降、米国のタカ派にいわせると、ソ連の核第一撃によって、アメリカ本土の地上に固定されたミニットマン・ミサイルの九〇パーセントが全滅にちかい打撃をうける危険性がでてきた、といわれている。これが、いわゆる核攻撃の「青天の霹靂（へきれき）」（Bolt From the Blue）シナリオである。この現実可能性を説く軍事専門家が、その教科書的実例としてかならずといっていいほど引くのが、真珠湾攻撃なのである。

しかし、さいわいにも、いまのところ、この種のシナリオは、理論上考えられるが、確率はきわめて低い、とされている。ところが困ったことに、戦略的常識では不可能であり、考えられないことが起きたのがパール・ハーバーだった。そして、パール・ハーバーの奇襲は、当時の軍事常識では不可能にちかいことで、ありえないこととされていたことこそ、その奇襲大成功の主要な原因であった。だからこそ、「考えられないことを考える」（有名なハーマン・カーンの著書名）ことでメシを食っている軍事専門家に、真珠湾攻撃は、またとなない実例を提供しているのである。

アメリカ海軍のギルヴン・M・スローニム大尉は、ことの真相を率直に述べている。——「可能性とか、確率（蓋然性）とか、能力とか、意図とか、そんな議論はみな学者の空論にすぎない。だれもが自分で自分の情報の信憑性をうけつけなかった。要するにアメリカ人は頭から信じなかったのだ」。むろん、ハワイ要塞の難攻不落への自信と、日本の力にたいする過小評価があった。「ハワイにたいする日本軍の攻撃は、世界でもっともありえないこととみなされている。それは一〇〇万分の一の成功のチャンスもないと考えられている。アメリカの旗のもとにある他のどの地点より、真珠湾は難攻不落と信じられているだけではなく、なによりもそれは距離によって守られている」と、四一年九月六日付の新聞に、ジャーナリストのクラーク・ビーチが読者に保証していた。

わが国でよく知られているエピソードであるが、真珠湾攻撃の一ヵ月ほどまえ、四一年十一月はじめ、まだ若かりしころのジョン・K・エマソン書記官（六〇年代、知日派の駐日公使。現スタンフォード大学）が、グルー大使の命をうけて、国務省の極東問題担当のスタンレー・ホーンベック（国務省きっての親中・反日の強硬派として有名）を訪れて、開戦前夜の緊迫した東京の空気をつたえた。日米間の緊張は日ましに悪化し、日本はまったく絶望から戦争をはじめようとしている、とエマソンはホーンベックにつげた。とうぜんの

	戦艦	航空母艦	巡洋艦	駆逐艦	潜水艦
合衆国	9	3	24	80	56
大英帝国	2	0	8	13	
オランダ及び自由フランス	0	0	4	7	13
計	11	3	36	100	69
日本	10	10	36	113	63

ことながら、ホーンベックは、軽蔑の念をうかべて、「いったい歴史上、どこの国が、絶望から戦争をはじめた国があったか。ひとつでもあったらいってみろ」と反問し、エマソンは絶句、怱々にその場を去ったという。

事実、「人間たまには清水の舞台からとびおりる勇気が要る」とか、「窮鼠猫を嚙む」とか、「虎穴にいらずんば虎児をえず」とか、その当時のわが指導層が愛用したことはが如実にしめすように、戦争の将来についてなんらの成算もなく戦略的計算もなく、一種の自暴自棄としかいいようのない心境で対米開戦にふみきった。山本五十六の語をもちいれば、「結局、桶狭間とひよどり越と川中島とを併せ行ふの已むを得ざる羽目に追込まれる次第に御座候」(一九四一年十月二十四日付の嶋田海相あて書簡)ということである。

しかし、留意すべきは、くりかえすようであるが、すくなくとも「奇襲」を敢行するからには、それをやりうる「現有兵力」の、わずかでも優越性をもっていなければならない。

たとえ、それが、一時のものにせよ、必要条件である。スターク海軍作戦部長はじめ、参謀たちが認めていたように、キンメルの率いる太平洋艦隊は、山本長官の率いる連合艦隊より事実上、劣勢であった。四一年秋までに、日本は、連合国にくらべて、太平洋ですくなくとも海軍力のラフ・パリティ（ほぼ均等）に達していた。三四ページの表の数字は日本海軍の比較優位を示している。

この彼我の戦力比は、一九三〇年に結ばれたロンドン海軍軍縮条約から日本が脱退して（一九三六年）、その急速な海軍近代化計画と、戦艦大和・武蔵をふくむ秘密の拡張計画によって、開戦直前にはほぼ日本海軍は、パリティか、わずかにせよ、優勢の域にまで達していた。そのうえ、連合国側は、その実力において、数字上の力よりもはるかに劣勢であった。ひとつには、ハワイからフィリピン、さらに東インド、シンガポールにいたる広大な地域をカバーする必要上、ただでさえ数のうえで劣勢の海軍力を分散せざるをえなかったからである。日本海軍は、ひろい太平洋戦域でうすく分散、展開された連合国軍にたいして、おもうままに目標をえらび、それに優越した力を集中、ねらいうちすることができた。しかし、このことは、必要条件にすぎない。では、奇襲に駆りたてた条件および真の動機はなにか。

短期と長期の見通し

太平洋戦争における日本軍の計画を考えるとき、逸してはならない点は、南方作戦にみられるように、短期の作戦計画のおどろくべき緻密さと、長期戦略のずさんさである。中=長期の見通しについてきわめて悲観的であった山本長官でさえ、四一年九月、近衛〔文麿首相〕の自宅で、日米戦の見通しについてきかれ、「ぜひやれといわれれば、はじめ半年や一年は、ずいぶん暴れてごらんにいれます。しかし、二年、三年となっては、まったく確信がもてません」とこたえている。井上成美は、人柄の点で山本五十六に尊敬をはらっているが、右の点については、かなりきびしく批判している。「対素人の会談では、誤解される懼れもあり、具体的な内容ではなく、そのものずばりの結論をはっきりのべるのがよろしい」と指摘し、「そもそも、実戦部隊の最高責任者である連合艦隊長官が対米作戦に自信がないと云うことであれば、職を賭しても太平洋戦争に反対すべきであったと思う」といいきっている（前掲『井上成美』巻末資料）。

おそらく井上の目には、にえきらないと映じた山本の態度の背景には、緒戦における現有兵力の優越性に支えられた自信があったにちがいない。日本の対米開戦の決意は、よくいわれるように、十一月二十六日の、ハル・ノートの、いわゆる最後通牒を引き金にしたわけではない。南方作戦による東南アジア占領作戦は、はるかに以前からかなり詳細にねられ、策定をおわっていた。四一年九月十六日の真珠湾攻撃の図上演習では、X日（開戦日）は十一月十六日と予定されていた。ただ、そのときまでに機動部隊の準備が完了する見通しがなかったので、十二月七日（アメリカ時間）に延期されたにすぎない。

短期の戦術上の視点にたつかぎり、日本側の周到な作戦計画と準備に比較して、アメリカ側は、武力行使に訴えても日本の南進をくいとめるだけの準備も決意もできていなかった。F・D・ルーズベルトは、ヨーロッパの戦況と、大西洋戦線に関心を集中していた。しかも、大統領は米国世論と国内政治のいわば捕われ人であった。合衆国は、資産凍結措置と、石油禁輸のような間接的方法をとる以外に、直接、軍事的に日本に制裁をくわえ、南進を阻止するだけの用意はまだととのっていなかった。合衆国のドラフト延期法案が真珠湾の数日前に下院にまわされてきた。たとえ議会が徴兵制を通過させても、自国を守るだけに十分の軍隊をもっていなかった。この段階ではマーシャル元帥の関心は、もっぱら大西洋戦線に集中せざるをえなかった。ヒトラーは第一次大戦の教訓から、Uボートによる攻撃にきわめて慎重であったが、ドイツのUボートは大西洋の海上輸送路にたいする重大な脅威になりつつあり、合衆国はきたるべき護送船団編成の準備におおわらわであった。

当時、米軍当局は、太平洋の潜在的脅威に目を閉じても、ヨーロッパ第一主義の政策をとらざるをえなかった。

要するに、軍事的、政治的に多くの要因がかさなって、四一年当時、西太平洋地域に巨大な力の真空が生じていた。この関連からみると、パール・ハーバーは、真の実力の欠如を補完するために敵より早く力の真空をうめ、局地的支配権をにぎろうと意図された先制攻撃の古典的なケースであるといっていい。一九五〇年の北朝鮮の南朝鮮への奇襲もその点で、パール・ハーバーと多くの共通点をもつにもかかわらず、きわめて重要な一点で両者は根本的にことなっている。とくに、短期の戦術的オプティミズムと、長期の戦略的ペシミズムという時間的見通しの点で、両者は、共通性をもちながら、朝鮮戦争は、米国政府の不十分、不適切な抑止による失敗の典型的な事例であり、パール・ハーバーは、経済制裁という名の非軍事的報復が、抑止として作用するより、むしろ日本軍の奇襲を挑発したケースという点で、根本的にちがっている（これらの点は次章参照）。

事実、海軍軍令部が、X日を十二月八日（日本時間）と固定した理由には多くの要因があるが、その圧倒的理由は、要するにタイム・プレッシャーであった。当時、軍令部第一課長であった富岡〔定俊〕大佐は、戦後、インタヴュー（四七年八月十二日）で、つぎの六つの要因をあげている。(1)合衆国は、太平洋で時がたつにつれて力を増強しつつある（とくにフィリピン）。⑵冬期を迎え、北太平洋の気象条件の変化からみて、一月または二月まで待つことは不可能。⑶戦時物資、とくに石油の備蓄が時の経過とともに減少する。⑷夜間の作戦行動に必要な月明の必要。⑸南方作戦上、台風の季節をさけるため、できるかぎり早く行動をおこすべしとする陸軍側の要求。⑹日曜日に、太平洋の全艦隊が入港停泊する公算大などである。

右の富岡大佐のあげる諸要因をみても察せられるように、わが軍指導部の情勢判断は、不確実性とリスクをはらむ未来の展望において、短期と長期の見通しに決定的に影響されていたということである。いいかえれば、長期の見通しの点で、戦略的ペシミズムをもち、短期の見通しの点で、戦術的オプティミズムをもっていた。——つまり、戦争は不可避である。しかし、軍事バランスのうえで現在の戦略的地位と現有兵力は、わずかにせよ比較優位にある。だが時間の経過とともに、その優位は急速に低下していく。やるなら今だ。この機をのがしたらチャンスは永遠にこない。

四一年十一月二十九日の会議は、ギリギリのデッドラインであり、それ以降はよほどのことがないかぎり自動的に戦争に突入するという、あともどり不能の時点であった。午前の予備会議でも閣僚の一部は日本の将来について大きな不安をかくせなかった。とくに米内〔光政〕前首相は、「ジリ貧をおそれて、ドカ貧になるな」という有名な文句で前途にたいする不安をかくさなかった。そのときわが国指導者は、けっきょく二つの交叉圧力――つまり時間という秤にかけて、損益のバランスを計算する破目におちいっていた。二つの悪のうち、まだ忍びうる悪を選択しなければならなかった。すなわち、ジリ貧という確実に耐えがたい、長期の見通しをとるか、それとも、高度に危険ではあっても、やってみなければわからない、という意味で不確実な、まだしも耐えうる短期の見通しのほうをとるか、という選択であった。嶋田〔繁太郎〕海相も四一年十一月一日の連絡会議で、予見しうるリスクと不確実性の視点から、当時の軍指導部のもつロジックをたくみに展開している。――要するに、戦争に突入すれば、海軍軍令部は、緒戦の作戦において勝つ絶好の機会と自信をもっている。だが、戦争が長期化したら、第三年目以降については自信がない。戦時物資の不足と工業力の脆弱性によって海軍の継戦能力は確実に不利にかたむくだろう。後者の条件のもとで、わが海軍は勝つ自信をもつことはきわめて難しい。それに反して、外交交渉をこのまま続行し、やがてわが方に有利な結果をみる見通しもなく決裂にいたれば、その遅滞によって、作戦上、とりかえしのつかない不利な立場で開戦を余儀なくされよう。したがって最終的帰結が不確かであるかぎり、外交交渉にたよることは危険な賭けを意味する。以上のように、和戦いずれをとるにしても、どちらも大きなリスクと困難を覚悟しなければならない。どちらのばあいも危険をともなう点でかわらない以上、二つの危険のうち、どちらがまだしも耐えうるかの重みをはかったうえで、情勢判断をくだすべきである。

一見、これはたいへん論理的な議論の展開のようにみえる。しかし、この短期と中＝長期の危険を秤にかけて損得を計算できる、明確な尺度はない。不幸にして、外交交渉による戦略的遅延のもつ軍事的危険性は耐えがたく、しかも目にみえる、確実性をもっていた。とくに、時間がたつにつれて増大する作戦上の不利は、石油の目べりというかたちで、測定可能であり、ヴィジブルであった。最後まで真珠湾攻撃に反対であった軍令部の第一課長富岡大佐ですら、「石油の禁輸が強行されたのち、石油備蓄は、日に日に目べりしていった。したがって、四二年まで、開戦決定をおくらせたら、作戦の成功は保証できなくなる」ということが、山本長官の冒険的計画に軍令部も賛意を表せざるをえなかった究極の理由であるとかたっている。

明敏な東条〔英機〕首相がこのことを見のがすはずはない。あらゆる会議で、彼は、将来の見通しにかんする中＝長期と短期のあざやかな対照をとことんまで利用した。つねに、中＝長期の悲観的見通しを強調し、目前にさしせまった短期の戦略——むしろ戦術といった方がいいが——のもつ楽観的な見通しと評価を力説した。首相はあらゆる機会をとらえ、「ジリ貧」、「敵による包囲網の強化」、「一戦をまじえずに敗北する公算大」などの語で、日々低下していく、わが軍事的比較優位を力説し、「死中に活をもとめる」以外に、とるべき道がないことを説得し、開戦反対論を封じたのである。

対米戦略――山本対井上

山本五十六は、しばしば「悲劇の提督」といわれる。真珠湾攻撃の立案者であった長官ほど、対米戦争回避に熱心だった人物はいない。その彼が不幸にも戦時の連合艦隊司令官になるめぐりあわせとなり、アメリカ人の目には、「だまし討ち」「奇襲」「先制第一撃」の先例をつくって、米ソ冷戦を激化させた張本人の一人にさせられている。皮肉にも、山本五十六は、「ミュンヘンの教訓」の宥和政策のわるい見本となったネヴィル・チェンバレン元英首相とならんで、事実上、米ソ冷戦の最大の貢献者となっている。

山本長官は、一九一九年から二一年にかけて語研将校としてハーバード大学に学び、二〇年代にワシントン大使館づき海軍アタッシェとして勤務した経験をもっている。その在米中、デトロイトを訪れ、テキサスの油田地帯も見学し、そのおそるべき工業能力に圧倒され、ほかの同僚・部下にも、ことあるごとに、「デトロイトの自動車工場とテキサスの油田地帯を見たら、対米軍拡競争など日本の国力でできるはずがないことはすぐわかる」

と言っていた。また、山本長官は、右翼の民族主義者、笹川良一あての有名な書簡（一九四一年一月二十四日付）で、「日米開戦に至らば己が目ざすところ素よりグアム比律賓（ヒリッピン）に非ず、将又（はたまた）布哇（ハワイ）桑港（サンフランシスコ）に非ず、実に華府（ワシントン）街頭白亜館（ホワイトハウス）の盟ならざるべからず、当路の為政果して此本腰の覚悟と自信ありや、――」と書き、逆説的な表現で日本の国力で最終の勝利不可能を説いたことはよく知られている。この手紙の内容は、わが国の極右勢力の手でしばしばあやまり伝えられたが、山本長官の真意は、合衆国という巨人が一撃のもとで粉砕できるようなものではないと、大言壮語する右翼勢力や軍部の希望的観測に警告を発したものであることは周知のとおりである。

また長官は、アメリカ国民が物質万能主義者で、ぜいたくになれているといった日本人の偏見をたしなめている。また、ヤンキー魂ともいうべきその果敢な闘志と冒険心があることを力説していた。すくなくとも米国の物理的力の強さと闘争心をよく理解していた山本長官が、なにゆえに、アメリカ国民の反応と国民性について完全に誤解したのか。ここに、真珠湾攻撃についての最大の謎のひとつがある。

一九四一年一月七日、山本長官は、真珠湾攻撃の投機性について最後まで危惧していた及川〔古志郎〕海相あての長文の書簡で、概要、つぎのように真珠湾攻撃の必要性を説いている。これまでの作戦方針にかんする図上演習の結果をみても、正々堂々たる迎撃大作戦の正攻法は、いまだ一回の大勝をえたことなく、おそらくジリ貧におちいると懸念され、演習中止となるのが恒例であった。したがって、「日米戦争において我の第一に遂行せざるべからざる要項は、開戦劈頭に敵主力艦隊を猛撃、撃破して、米海軍および米国民をして救ふべからざる程度にその士気を沮喪せしむること是なり。……（後略）」。あれほどまでに、米工業力の威力とヤンキー魂を評価していた山本は、どこにいったのか。この謎にこたえるまえに、山本の真珠湾攻撃とはまったく対蹠的な、対米戦略を構想していた井上成美中将（当時）の戦略思想と、対比してみる必要がある。

まず山本、井上両提督とも、日独伊三国同盟反対の政治的立場はいうにおよばず、海軍の兵力態勢と戦略の点でも、多くの点で共通の見解をもっていた。海軍主流派の保守的な主力艦隊比率万能主義におなじような軽蔑の念をかくさなかった。また、両人とも現代の海上戦での空軍の役割重視、主流派のいう艦隊決戦理論への反対などで一致していた。

だが、井上成美中将は、軍令部に提出した有名な「新軍備計画論」によくしめされているように、山本長官の、投機的な奇襲戦略とはまったくことなった対米戦略観をもっていた。この「新軍備計画論」は、四一年一月三十日付で、軍令部に配布された覚書であるが、部内にあたえたショックの大きさにもかかわらず、海軍主流派の手で握りつぶされ、太平洋戦争で生かされることがなかった。この覚書は、主流派の大艦巨砲主義、艦隊決戦理論のもつ時代錯誤を徹底的に批判して、あたらしい空軍、機動部隊中心の海軍のあり方を具申したものとして世に知られているが、この井上戦略思想が今日なお不朽であるゆえんは、たいていの論者が見落しているもっとも重要な「総論」――とくに「二、日米戦争ノ形態」にその真髄がある。

まず、「帝国ハ米国ニ敗レザル事ハ軍備ノ形態次第ニ依リ可能」ではあるが、「日本ガ米国ヲ破リ、彼ヲ屈服スルコトハ不可能ナリ」と喝破している。つまり、「勝つこと」と「敗けないこと」とは、まったくことなる。戦後のアルジェリア戦争、朝鮮戦争、第一次インドシナ戦争、ベトナム戦争から現代のアフガニスタンでの対ソ・ゲリラ抗争にいたるまで、第三世界では、「能力」の点で問題にもならない小さな、弱いパワーが、大国と戦い、すくなくとも「勝つこと」はなくとも「敗けない」事例があまた示されている。よくいわれるように、「ゲリラ側は、敗けなければ勝ちだが、外征軍たる大国は、勝たなければ、敗け」なのである。「小国が大国になぜ敗けないのか」というあまたの戦訓から、しだいに生まれてきたのが、いわゆる「非対称紛争理論」（拙稿「政治的資源としての時間」『時間の政治学』一九七九年、中央公論社参照）である。この理論の真髄が、井上中将の覚書に、数学的緻密さで展開されている。

井上は、きたるべき日米戦争が、基本的に非対称紛争であること、日本は、その「能力」の点で、対米戦争で勝つことは絶対不可能であるが、ただ、「意志」「意図」「持久力」の点で、「敗けない」態勢を固めることは可能である、つまり、それが「死命ヲ制スルニ至ラザル」戦争であることをみごとに把んでいた。この「死命ヲ制スルニ至ラズ」の語は、奇しくも、日露戦争当時、小村寿太郎外相が使用した語とほぼおなじである。井上も小村も、日本の「能力」をよく知り、対露・対米の戦争が、本質的に非対称紛争であることをよく認識していた。

井上は、対米戦争で日本が勝つことの不可能性として、米国のもつ地政略的地位、工業能力などの視点から、つぎの六つをあげている。つまり、

(イ)米本土の広大さ。攻略、占領不可能。
(ロ)首都攻略も不可能。
(ハ)米軍事力の殲滅(せんめつ)不可能。
(ニ)米国の対外依存度の低さと物資の豊かさから海上封鎖の無効。
(ホ)海岸線の長大さ、距離の点からも海上封鎖不可能。
(ヘ)カナダと南米の中間にいる陸続きの地理的地位からも、米本土の海上封鎖は不可能。

ちょうどその逆に、日本は、本土占領、首都占領、作戦軍の殲滅、海上封鎖による物資欠乏、また、技術的にも封鎖可能である。つまり、「能力」の点からはくっきりと非対称

性をもつ。日本が米国に勝つことは絶対不可能であるがゆえに、いかなる犠牲をはらっても対米戦争など、すべきではない。が、やむをえず、対米戦争不可避となれば、それは「能力」の点での非対称性の前提にたって、日本の脆弱性をできるかぎりとりのぞき、継戦能力と抗戦意志をつよめ、米国の脆弱性をつき、敵の抗戦意志と継戦能力の低下をねらうほかない。つまり、日本を「不敗ノ地位ニ置キ」、「持久戦ニ耐ヘ得ル丈ノ準備ヲ為シ置ク事」につきる。いいかえれば、戦略防御に徹し、ベトナム戦争で、北ベトナムがやったように、米国の戦争目的と意図のレベルを平時にとどめおくために、けっして敵の抗戦意志をつよめ、資源動員をフルに発揮させるような、挑発的攻勢にでることなく、まもりに徹し、持久と待忍で敵側の抗戦意志と継戦能力の脆弱化（戦意の喪失）をねらうほかない。

その戦略的目的にとって最適の手段は、戦略防御（戦術的防御にあらず）と持久に徹した、いわば海上ゲリラ戦ともいうべき戦術の展開である。さいわい、太平洋に散在する天与の宝ともいうべき島々を、陸上航空基地、つまり不沈空母として、その徹底的な非脆弱化（要塞化）を急速にはかり、この基地航空力を海軍航空力の主力とすべきである（空母は、脆弱）。この海上ゲリラ戦で重要な、敵の補給路の攪乱、通商破壊、わが方の基地防御、海上補給路保護にも、基地航空兵力とならんで、潜水艦の重要性を再認識しなければならない。なぜなら、きたるべき日米戦争は、太平洋の基地争奪戦が主作戦となり、上陸作戦ならびにその防御戦が主作戦となる。その基地航空兵力第一主義のためならば、戦艦、巡洋艦のごときは犠牲にしてよろしい。

私は正直のところ、井上成美の「新軍備計画論」をいま読みかえし、提督の人柄、高い見識と知性を知るにおよんで、いつも目頭が熱くなる感動を禁じえない。それは、マッカーサー元帥がもらしたと伝えられるように、「自分の父親（フィリピン総督）が観戦武官として接した日露戦争時の将官、大山〔巌〕、東郷〔平八郎〕、児玉〔源太郎〕、秋山〔真之〕といった世界第一級の人物は、どこにいったのか。太平洋戦争で、相手どった日本の将官はみな、せいぜい二流どまりではないか」ということばが、文字どおり実感として私にもあったからである。井上成美の伝記をよみ、彼の識見、生き方を知れば知るほど、日本人としての誇りと自信がよみがえってくる。

「山本長官の賭け」の謎

私の知るかぎり、井上中将が山本長官の真珠湾攻撃計画について直接、論評した資料を知らないが、おそらく、井上にいわせれば、この投機的奇襲は、敵アメリカの心臓部〔政治・経済の重心〕に致命傷をあたえる能力もないのに、ねむれるライオンの尾を踏みつけるような愚行と映じたにちがいない。

では、山本と井上の戦略観をわかつものはいったいなんであったか。私にとって最大の謎であり、在米中、戦略研究でも、たえず念頭から離れたことのない疑問であった。しかも、このポイントこそ、奇襲を意図する攻撃側の、動機づけと誘因を理解するうえに、ぜひ解明しなければならない問題であると感じた。むろん両人とも、日本がその国力の差から最終の勝利者になれないと、絶望にちかい、中＝長期の悲観的見通しをもっていた。軍事バランスの点で、日本が四一年七月の米国の石油禁輸以降、現有の比較優位をも失いつつある現状の認識でもおそらく一致していたであろう。

私見では、おそらく二つの要因がはたらいて、両者の戦略観の相違となったのではないかと推定している。ひとつの要因は、日露戦争の教訓である。山本は、ツシマ海戦（「日本海海戦」と日本ではよばれている）に参加、指を負傷している。日露戦争も、太平洋戦争とおなじく、開戦劈頭、旅順港への日本海軍の奇襲、第一撃で戦争がはじまっている。前述の及川海相あての長文書簡で、「日米開戦劈頭に於ては、極度に善処するに努めざるべからず。而して勝敗は、第一日において決するの覚悟あるを要す」とあり、日露戦争の、開戦劈頭での奇襲成功におもいをはせている。また、十月二十四日付の、当時の嶋田海相あての手紙でも「開戦劈頭有力なる航空兵力を以て敵本営に斬込み、彼をして物心共に当分起ち難き迄の痛撃を加ふるの外なしと考ふるに立至り候次第に御座候」とある。

四一年二月のある日、山本長官は、小沢治三郎中将にたいして、「日露戦争を研究したとき、もっとも感銘深かった教訓は、開戦劈頭、わが海軍が旅順港に夜襲をかけた事実である。これは、日露戦争中とったもっとも卓越した戦略的主導権の奪取であった。(だが)遺憾にたえないのは、その攻撃の徹底性に欠けるところがあり、中途半端な結果におわっていることである」という趣旨のことを語っている。

また奇異に感じられるのは、前述の及川海相あての書簡に「開戦劈頭に敵主力艦隊を猛撃、撃破して、米海軍および米国民をして救ふべからざる程度にその士気を沮喪せしむること是なり」と述べているにとどまらず、井上とならんで、海軍主流派の大鑑巨砲主義を嘲笑していた山本長官が、どうも真珠湾で多数の「戦艦」が撃破、撃沈されれば、アメリカ人に与える心理的効果絶大なものと心から信じていた形跡がある点である。

この投機的奇襲に反対であった大西滝治郎は、「山本長官の意見では、開戦劈頭、米艦隊に重大な打撃を与えるのみでなく、できるかぎり多くの戦艦を撃沈することで、アメリカ国民の士気をくじくことができると本気に考えていたようだ」と語ったといわれている。

たしかに、私も戦時中、海軍報道部長の平出大佐が、勇壮な軍艦マーチのあと、「敵・戦艦○隻、轟沈、もしくは撃沈」と、たからかに、戦果をよみあげる声を、胸を高鳴らせてきいていた記憶が鮮明によみがえる。当時、わが国民の大半と同様に、アメリカ国民もいぜんとして旧式の海上艦隊決戦、大艦巨砲主義の事大思想にとらわれていて、当時の最大の武器（現在の核ミサイルに匹敵する）は、巨大戦艦の海を圧する雄姿であった。その巨艦が数隻はおろか一隻でも撃沈されることは、一大敗北と信じられていたことも事実である。山本長官も、このような打撃は、いかにヤンキー魂をもつアメリカ人といえども、ふたたび起つあたわざる致命傷になると、信じていたようである。素朴にも、日本軍の死にもの狂いの攻撃にドギモを抜かれ、米国民はおじけをふるって戦意を喪失すると考えていたかにみえる。

では、山本長官ともあろう人物がどうして、かくも素朴になりえたのか。よくいわれるように、山本は、連合艦隊司令長官より海軍次官が適役で、戦略家、実戦指揮官よりも、軍政家としてその行政、管理能力が高く評価される。山本長官が、ともかく連合艦隊全員の和をもたらし士気を維持しえたひとつの理由は、真珠湾攻撃での攻撃部隊のあきらかな積極性の欠如（第二次、第三次攻撃をやらず、帰途ミッドウェー爆撃をやらなかった）のときも、ミッドウェーの大敗北のときも、処断せずいっさいを黙認した「甘さ」にもしめされる一種の親分肌の人情味――わるくいえば、人気とり――にあったことは見のがしえない。つまり、山本の主要な関心のひとつは、連合艦隊全員の士気のみならず、日本国民の高い士気水準をどうやって維持できるかにあったとおもわれる。この点についての山本の深い憂慮は、これまた日露戦争の苦い記憶からくるところが大きい。

おそらく、井上成美流の持久・防御戦略への山本の不信感は、日本人の国民性についての彼の洞察と不安を反映しているようにおもわれる。山本としても、井上流の戦略防御にたつ持久戦略のほうがより合理的であると考えたにちがいない。しかし、長期にわたって日本人の高い士気水準をたもたせるには、わが国民が「無敵」と信じきっている連合艦隊の連戦連勝なしには、とうてい不可能と信じたためではあるまいか。十月二十四日付の、前述の嶋田海相あての書簡で、この点について、おなじく日露戦争の教訓を回顧している

——「万一敵機東京大阪を急襲し、一朝にして此両首都を焼きつくせるが如き場合は勿論、さ程の損害なしとするも国論(衆愚の)は果して海軍に対して何といふべきか、日露戦争を回想すれば想半ばに過ぎるものありと存じ候」

事実、四二年四月、ホーネットを発進した、ドーリットル陸軍中佐の指揮するB－25爆撃機一六機の冒険的な東京空襲でショックをうけ、その被害の軽微さにもかかわらず、太平洋戦争の命運をけっしたミッドウェー作戦にふみきっている。これまた、よく知られているように、日露戦争当時、ロシアのウラジオ艦隊の三隻の軍艦が日本本土に接近して一種のパニックを生じ、ウラジオ艦隊制圧の任についた艦隊の数隻が、ロシアのしかけた水

雷に触れて沈没するという悲運にみまわれた。そのため、第二艦隊司令長官上村中将の私宅に、山本のいう〝衆愚〟が投石するというさわぎがおきている。山本はこの苦い経験から、日本の衆愚にふかい不信感をもち、いかなる犠牲をはらっても、それが、たとえ短期であっても、連戦連勝を確保する以外に国民の士気水準はたもてない、と確信していたようにおもえる。

第二に、山本と井上の戦略観の相違は、いうまでもなく両人の人柄、性格のきわだった対照からくる。山本はいわばポーカーの名手であったのにたいして、井上はチェスの達人にたとえることができよう。井上がいかに理づめの、数学的緻密な頭脳（彼は数学、外国語能力が抜群であったことは有名）をもっていたかは、つぎのエピソードでもあきらかである。井上は、海軍主流派の唱える「戦力比率万能主義」――いわば、「比率シンドローム」ともいうべき妄執を嘲笑していた。まわりの部下に、「ひとたび開戦となれば、建艦の比率などの制約はあるべきはずもなく、その際において国力が日本に数十倍する米国が開戦いらい、急速に圧倒的優勢な海軍を建造することは必至」と説き、語をついで「かの恐るべきn^2（n二乗）法則の利益を受けるのは優勢海軍の側だけ」と言いきっていた。

このn二乗法則というのは、アメリカ海軍中佐ブラドレー・A・フィスク（のち少将）が唱えたもので、一九二一年（大正十年）から二二年（大正十一年）にかけてのワシントン海軍軍縮会議で、主力艦隻数の比率を論議するとき、米英の提示する比率に反論する日本側の論拠のひとつとして援用したものである。数学につよい井上は逆手にこの法則を使って、この比率主義に反駁したのである。このn二乗法則とは、交戦兵力の損害比率は、たんに勢力の数に反比例するのではなく、各交戦兵力の数の二乗に反比例するという法則である。

これと対蹠的に山本がポーカーをはじめ、トランプ、マージャン、賭けごとならなんでもござれの、無類のバクチ好きだったこと、また、これを自慢にしていたこともよく知られている。山本の副官も、「長官は、根っからの勝負師(ギャンブラー)の魂をもっていた」と、後年、米側のインタヴューで証言している。また、真珠湾攻撃のアイディアは、純粋に彼個人の構想力の産物であった。一九四一年の夏ごろ、水深の浅い真珠湾での魚雷攻撃の有効性などをふくむ技術的難問がまだ未解決であったうえ、海軍大学での兵棋(へいき)演習でも、攻撃に必要な制空能力不足のため、空母の五〇パーセントが撃破されるという悲観的な結果がでていた。この被害数は、許容範囲をはるかにこえるものであった。この投機的計画には永野修(おさ)身(み)軍令部総長はじめ、多くの海軍スタッフの眼には、きわめて危っかしいものに映じていた。山本の真珠湾攻撃計画は、要するに戦略常識からはずれた、プロの軍参謀のつよい支持のないものであった。この点は、一九四〇年の対仏作戦で、マンシュタインの立案した機甲部隊のアルデンヌ強行突破作戦をヒトラーが採用したとき、保守的なプロの軍参謀からつよい反対があったのと酷似している。

だが、ヒトラーの戦術的直感とおなじく、山本のポーカーの名手としての勘も、彼が相手にする米海軍参謀たちは、距離、補給、制空権、水深その他の見地から合理的にものごとを考える、プロの戦術家たちであるがゆえに、真珠湾攻撃は、ひとつの可能性と考えられるとしても、ほとんど不可能にちかい、成功の確率のきわめて低いものと計算するにちがいないとの読みがあった。彼は、その一点に賭けて、このギャンブルの成功を信じたにちがいない。つまり、世上よくいわれるように山本長官が、井上のような合理主義者ではなく、非合理主義者で、ハッタリ好きの根っからの勝負師だったという見解は真実の一面しかみていない。むしろ、山本はきわめて合理的なギャンブラーだったのである。つまり、相手のプレイヤーが、理づめの、おそらく井上成美にちかい、緻密な頭脳をもつ合理的な行為者であると想定したからこそ、わが方が徹底的に「非合理的」な行動――「桶狭間とひよどり越と川中島とを併せ行ふ」ような非常識な行動によってのみ、「死中に活を見つける」ことができると確信したのである。

民主国は怒り狂ったとき戦う

いいかえれば、真珠湾攻撃の成功は、フォン・クラウゼヴィッツ流の戦略的合理性にその根拠をおいていた。――「奇襲は、そのもつ心理的効果が絶大であるため、ひとつの独立した戦略的要素として、優位確保の手段となりうる。とくに、それが、雄大なスケールで展開されるならば、敵の意表をつき、その士気を低下させることができる」(フォン・クラウゼヴィッツ『戦争論』)と述べている。

つまり、山本長官は、奇襲が兵力乗数効果をもつことをよく理解していた。だが、彼は、アメリカ国民の反応を予測することができなかった。なぜかというと、第一に、山本長官は、日露戦争の教訓から学んで得た日本国民の反応と士気のあり方を、アメリカ国民に投影して、その反応を理解していたからである。第二に、彼がポーカーの名手としての勘で把えていた、合衆国の海軍参謀たちの合理性という想定こそが、草の根のアメリカ国民のもつ非合理性について彼がまったく理解できなかった理由なのである。すなわち、ジョージ・ケナンの名言――「民主国は、怒り狂ったとき戦う」(Democracy fight in anger)という真理を把むことに、山本が失敗した理由である。

むろん、真珠湾攻撃がアメリカ国民に与えたショックと怒りは、その予想をうわまわる被害の大きさにもよるが、あの黄色い野郎ども(イエロー・バスタード)が、事前に宣戦布告もせず、野村大使らを介して外交交渉の欺瞞工作で時間かせぎをしながら、計画的に卑劣きわまる、だまし討ちをくわえた、という点にあることはいうまでもない。とうぜんのことながら、チャーチルは狂喜し、ルーズベルトは、この「だまし討ち」を最大限に利用して、挙国一致の参戦態勢をつくりあげた。戦後、日米貿易摩擦をはじめ、日米関係が少しでもおかしくなると、きまって、「不公正(アンフェアー)」とか「ただ乗り(フリー・ライド)」とか、「うそつき(ライヤー)」という悪口にひとしい、どぎつい語がでてくる背景には、このパール・ハーバーの「卑劣な、だまし討ち」という対日観がふかく根をおろしている。日本人ならだれでも知っているように、不幸にして、この戦後日本のマイナス・イメージをつくるうえで大きな役割を演じた、最後通牒伝達の遅延は歴史上の多くの事件がそうであるように、じつに、つまらぬミスの重なりによるのである。それは山本五十六の罪ではなく、なんともはや理解にくるしむ、開戦前夜のワシントン日本大使館スタッフの、弁解の余地のない怠慢と大失態によるものであった。

ともあれ、この真珠湾攻撃を、いま回顧するとき、いかに周到綿密に準備した計画も、その意図に反した、予期しない結果をまねくものだという、「歴史の教訓」である。それにしても、アメリカ国民と世論にあたえた衝撃ほど、その意図と結果のギャップを示す教科書的実例は、ほかに類をみないであろう。

山本長官の一見、大胆不敵な、ギャンブルにみえて、じつは細心周到な戦術的計算による真珠湾攻撃は、第二次世界大戦中でも、おそらく、単一のバトル（戦闘）としては最大の勝利を記録した。しかし、故ゴードン・W・プランゲが世評高い労作（前掲『払暁の惰眠』）の末尾で、結論づけているように、この真珠湾の奇襲によって、「日本人は、アメリカ人一人一人に、ヨーロッパ、アジアの各地で全人類のために死を賭けて悔いない、という個人的な理由を与えてしまった。……つまり日本人は、平均的アメリカ人の一人一人に、この戦争が戦うに値する価値と理由をもつことを心から納得させる大義名分を与えてしまったのである」。

Ⅱ　抑止と挑発——核脅威下の悪夢

朝鮮戦争が、不適切な抑止による失敗の好例であるのにたいして、太平洋戦争では、米政府の対日経済制裁はなぜ、抑止より挑発になってしまったのか。外交とは、文化を異にする相手国の発する「予兆的警告」のサインを正しく読みとるわざである。太平洋戦争開始にいたる日米間の相互誤解の底には、文化の問題がひそんでいる。

一九八四年の悪夢

一九八四年八月〇日——ワシントンの夏はたえがたく蒸し暑かった。いやな予感もあった。ジョージ・オーウェルの未来小説『一九八四年』（一九四九年）の年にあたっていた。すでにオーウェルの予測はうす気味わるいほど現実のものとなっていた。ロバート・マクファーレン大統領補佐官は執務室の窓から空を見あげると、見かけぬ機種のヘリコプターが二機、上空を旋回していた。これはロサンゼルス市開催のオリンピックを機会に侵入をもくろむ各種のテロリストにそなえて開発された高性能ジェット・ヘリコプターであった。昨年（一九八三年）封切られて評判だった映画「ブルーサンダー」にでてきた機種と、そっくりであった。高感度の指向性をもつ収音機、赤外線カメラ、全米のみならず全世界の国際警察のデータ・バンクと連結された小型コンピュータを装備していた。米国市民のプライバシーはもはやなきにひとしくなっていた。

ホワイトハウスではレーガン大統領自身、選挙キャンペーンで南部に遊説中であった。大方の閣僚、議員も休暇か選挙で出はらっていた。ただ、補佐官だけは、執務室で数日まえ、ＣＩＡからの連絡で、ここ二週間のキューバに寄港するソ連船舶の数が、平常より約一〇パーセント増加していることが気になっていた。故ブレジネフ書記長が「もしＮＡＴＯが西欧にパーシングⅡと巡航ミサイルを配備するならば、ソ連は、米本土およびその領域内をその射程距離におくべく、同様の対抗措置をとるであろう」と警告していたことがあたまにあった。さらに八三年十一月二十四日、発表された故アンドロポフ書記長声明、つづいてＳＴＡＲＴ（戦略兵器削減交渉）の無期限延期いらい、西欧への新型ミサイル配備にもかかわらず、クレムリンのながい沈黙がかえって不気味であった。

そのとき机上の赤ランプがついた。ＣＩＡからの緊急連絡である。補佐官は受話器をとった。「キューバ寄港の船舶から陸揚げ中の積荷に、巡航ミサイルがふくまれている疑い濃厚」。「目下、偵察衛星による写真分析中、結果は明日判明の予定」とあった。補佐官はアトランタのホテルに宿泊中の大統領へ緊急連絡をとるとともに、国家安全保障会議（NSC）の緊急招集の許可をとりつけた。翌日、CIAの写真判定の結果は、まぎれもなく巡航ミサイルであった。

その二日後、レーガン大統領が、全国むけテレビで重大放送をおこなうむね予告した。と、ほとんど間髪をいれず、アンドロポフ書記長の病死後、権力の座についたチェルネンコ書記長は、先手をうってきた。彼は全世界むけのテレビに姿をあらわし、「われわれは、中米の友人たちを米帝国主義の侵略から守るため、キューバに巡航ミサイル配備を決定した。合衆国が西欧に配備したパーシングⅡならびに巡航ミサイルを撤去すれば、われわれもキューバに目下配備中の巡航ミサイルを撤去するであろう」と述べた。

その日の国家安全保障会議は、重くるしい空気につつまれていた。一人は、うめくように、「六二年のキューバ危機のとき、なぜケネディは、ロスケどもをノック・アウトしなかったのか」とつぶやいた。「あのときなら、ソ連本土のICBM八〇基は、すべて地上に露出していたから、一基残らず全滅できたはずだ」と、隣の一人がつけ加えた。しかし、ながく論議している余裕はなかった。ぐずぐずしているうちに、米本土の目と鼻の先にあるキューバ全土に巡航ミサイルが急速に建設、配備され、発射準備態勢を完了するだろう。

この会議には、あの六二年十月、ケネディ大統領が招集した最高執行会議（エクスコム）のように、「米国はパール・ハーバー（先制無警告攻撃）をやった伝統をもたない」と、即時空襲に反対したロバート・ケネディのような書生っぽい理想主義者もいなかったし、また、「ともかく海上封鎖をやってみて、フルシチョフの出方をみたらどうか」と、得意のオプションの戦略をもち出して反対したマクナマラ国防長官のような慎重居士もいなかった。

奇妙にもこの秘密会議でしばしば出たのは、「ミュンヘンの教訓」でも「パール・ハーバーの教訓」でもなく、じつに「ベトナムの教訓」であった。超タカ派のヘルムズ議員は、「ベトナム戦争での米国の失敗は、ベトナム人みたいな強い敵を相手に、ダラダラと、段階的エスカレーションなどをやったからだ。やるなら一挙にたたきつぶすべきだった」といい、ここで彼は間をおいて、「ムサシ・ミヤモトもそう言っている」とつけ加えた。一同の爆笑は、重くるしい空気を一時やわらげた。彼は数ヵ月前、ある財界の大物からすすめられて読んだ宮本武蔵の『五輪書』（英語版）をおもいうかべていた。この英訳本は、四、五年前からアメリカの財界、政界の指導層で、かくれたベストセラーになっていた。「日本的経営の極意を学ぶため、ミスター・ミヤモトを、ぜひ講師として米国に招聘（しょうへい）したい」と、まじめに提案した、あわてものの財界人もいたほどである。

レーガン大統領も沈黙をやぶって発言した。彼もまた大統領になる以前から、『五輪書』の愛読者であった。「大統領になると同時に手がけた例の航空管制官スト、ついでリビアの戦闘機撃墜、昨年のグレナダ進攻、みなミスター・ミヤモトの兵法に則(のっと)っている。ミヤモトは、喧嘩のやり方を知ってる。やるなら、弱い敵をえらび、強くならないうちに、全力をあげて一挙に屠(ほふ)る。そして、さっと引く。例のＯＫ……、ガンリュウ・ジマの決闘のようにな」と、大統領は、うっかり、「ＯＫ牧場の決闘」といいかけて、あわてて訂正した。

考えられる選択は三つあった。第一が、国連への提訴をふくむ全世界の世論へのアッピールによって、「邪悪の帝国」クレムリンと、それに使嗾(しそう)されるキューバを孤立させること。第二は、海上封鎖をふくむ、直接武力行使以外のあらゆる経済制裁措置。第三は、即時空襲によるキューバの港湾施設、船舶、陸揚げ中のいっさいの貨物、および建設、配備中の巡航ミサイルの全面破壊。第一の道はほとんど問題にならなかった。これは六二年の第一次キューバ危機のときとおなじである。いたずらに貴重な時間を空費し、クレムリンに、あらゆる行動の自由をあたえ、巡航ミサイルの実戦配備という既成事実がつくりださ れたら万事休すである。

しかも、米欧にひろがる反核運動も、ソ連の報復警告をも無視したことが、米政府の決定的な負い目となっていた。つまり、今回のソ連のとった対抗措置は、とうぜんワシントンが予想できた、おりこみずみのリスクではないのかと、世界の世論はうけとるにちがいない。そこを見すかすかのように、クレムリンは、先手をうって、「西欧配備のＩＮＦとキューバの巡航ミサイルとの取引き」にでてきた。この会議の全参加者は、西欧の新聞論調がいまから手にとるように、予測できた。

第二の選択は、六二年当時とまったく戦略状況が異なっていた。「キューバの屈辱を忘れるな」の合言葉で、ゴルシコフ元帥の率いるソ連海軍は、二〇年まえのそれと比較にならない力をつけていた。しかも、すでに、かなりの数の巡航ミサイルが陸揚げをおわり、封鎖は効果がないうえ、ぐずぐずしているうちに、陸揚げされた巡航ミサイルは実戦配備につき、ワシントン、ニューヨークをその射程距離内におくだろう。

第三の選択――即時空襲という実力行使しか残されてはいなかった。この秘密会議には、中米特別諮問委員会議長のキッシンジャーもとくによばれていたが、彼は、会議中、一言も発言しなかった。ただ、第三の実力行使案にあえて反対意見をのべなかった。すでに、グレナダ介入を進言したキッシンジャーは、「ソ連に対しては、タフな行為のみがペイする」という教訓を、デタント時代の苦い経験から学んでいた。

合衆国政府は、「ソ連本土への直接攻撃の意図をまったくもたない」むねを、ソ連政府に通告するとともに、全世界にはりめぐらされた対ソ核戦略基地網は、即時アラート態勢にはいった。一夜明けると、米本土および空母から飛び発った戦闘爆撃機延べ一〇〇〇機が目標に襲いかかり、陸揚げ、建設中の巡航ミサイルはいうまでもなく、港湾施設、船舶、兵舎など、ことごとく灰燼（かいじん）に帰していた。

そのとき、モスクワの政治局（ポリトビューロー）は、米国側のキューバへの実力行使をどううけとったか。むろん合衆国政府は、ホット・ラインをつうじ、可能なあらゆるチャネルを介して、「ソ連にたいする直接攻撃の意図のない」ことを説得していたが、KGBによる米国政府の意図にかんする分析はまったくことなっていた。とくに、一九八三年八月いらいの、あいつぐ事件――フィリピンのアキノ暗殺、大韓航空機撃墜、ラングーンの韓国要人テロ、レバノンの米海兵隊への大量テロ、イラン＝イラク紛争の激化によるホルムズ海峡封鎖の脅威、中米情勢、それらの事件の背後に、「邪悪の帝国」クレムリンの魔手がうごいていると宣伝し、ことさら東西緊張をつくりだし、危機意識をたかめてきたことに重大な関心をはらってきた。

KGBの分析では、それらの事件の多くは、偶発事にしても、それを新冷戦の文脈で関連づけ、ひとつのクレムリン陰謀説にまでつくりあげたのは、レーガン政府であり、その一部の事件には、CIAが関与している疑いがあるとみていた。かれらの意図は、西欧の

ＩＮＦ配備を実現し、ＮＡＴＯおよび日本の軍事力強化、反核運動への圧力強化を意図したものである。いや、それのみではない。この第二のキューバ危機を奇貨として、核先制攻撃によって、ソ連の核戦略司令部、核ミサイル基地および軍事施設、通信連絡網を一挙に壊滅させ、八〇年代後半から九〇年代はじめにかけて、確実に生じると米国側が信じている「脆弱性の窓」をぴしゃりと閉じてしまう好機がいまだと、かれらは計算し、意図していると、ＫＧＢは分析していた。

万一、合衆国による核先制攻撃をうければ、「約一億のソ連市民が死ぬ」ことは確実であるが、クレムリンが七〇年代後半から着々と準備してきた、対兵力（counter-force、都市にたいする攻撃ではなく、軍事基地への直接攻撃をいう）、核攻撃作戦計画によって、合衆国の地上固定のミニットマン・ミサイル、司令部（地下作戦室）、その情報・通信施設を一挙にたたきつぶせば、ソ連の被害は最悪でも、一〇〇〇万人から二〇〇〇万人程度にとどめうる。これは第二次世界大戦で、ソ連のうけた死亡者数とほぼおなじである。これならば、わが方の許容被害限度内である。

このＫＧＢの分析結果が政治局の秘密会議で報告されたとき、秘密会議に参加した政治局員は、おしなべて、まさに「ジリ貧」ともいうべき長期の悲観的見通しで共通の心理状態におちいっていた。農業部門については、昨年の暖冬と、故アンドロポフ書記長の労働規律強化が効を奏し、やや生産が平常にもどったとはいえ、それは、二年ももたない一時の現象であることはだれもが認識していた。やがて農業生産の構造的欠陥により、白ロシア、ウクライナ、あるいはバルト三国で、食料スト、不穏な動きがでてくる気配が濃くなっていた。ポーランドの連帯運動は一時骨抜きにされたが、再活性化のきざしもあり、しかも、東欧全般にもひろがりはじめる兆候さえ伝えられていた。西側との先端技術格差は、年ごとに、ひらくばかりであり、労働力とエネルギーの不足は、生産性の低下とともに重大化する見通しであった。幼児死亡率、アル中、青少年犯罪、離婚率の上昇、とくに体制内部を徐々にむしばむモラールの低下は、真に憂慮すべき段階に達していた。ことにKGBの秘密報告で、政治局員全員を憂慮させたのは、戦争とも平和ともつかない、中途半端な冷戦の永続化で、赤軍内部の士気が、極度に低下していたことである。その腐敗、アル中の蔓延(まんえん)、軍の官僚機構化による現地部隊と中央政府との連絡不全は真におそるべきレベルに達していた。大韓航空機事件の真相についての秘密報告で、韓国機の領空侵犯を二時間半もゆるした現地防空軍のたるみ、中央政府との連絡不全、モラールの低下をあますところなく暴露していた。

まさに、ソ連帝国の将来は、「ジリ貧」の一語につきる。その「ジリ貧」は確実であり、あらゆる統計指標によって目に見えるものであった。まだ短＝中期の見通しでは、現有兵力にかんするかぎり、わずかにせよ、比較優位をもっている。だが、レーガン現政権は、八三年夏以降の危機意識を利用して、ＭＸ予算を議会で通過させたうえ、巨額の軍事費を国民にみとめさせ、軍事力の現代化を急いでいる。量の面では、まだしもわれわれが優位をもつとしても、質の点では、いまでも問題にならない。核テクノロジーその他の技術格差は、日ましにひらくばかりだ。やるなら今だ。これを逃しては二度と好機はこない。「脆弱性の窓」が閉じられる以前に、先制攻撃で、米国の核ミサイルの中枢部分の「首をはねる」(decapitate)ことによって、「死中に活をもとめる」のほかない。

この恐怖と絶望からの選択をわずかに勇気づけ、ダメ押しになったのは、軍指導部の一人の発言であった。「たしかに、米国の原子力潜水艦を中心とした核第二撃力は、無傷にちかいかたちで生き残るだろう。だが、地上固定ミサイルとちがって原潜のミサイルの命中精度は、まだ低い。かれらが、われわれの核ミサイルの『首をはねる』ことは、技術的にみて不可能である。けっきょく、米大統領は、わが方のモスクワ、キエフ、レニングラードなどの大都市人口を目標にねらうほかない。しかし、それをやれば、われわれもまた、ニューヨーク、シカゴ、デトロイト、サンフランシスコをやっつけることを、レーガンも十分承知している。その巨大なリスクの確実性を予想しつつ、なおかつ、核攻撃のボタンを押すだけのガッツが彼にあるだろうか。レーガンは、大統領役を演じるうえでは、西部劇のカウ・ボーイ役より数段うまかった。しかし、その真の勇気はあるまい。それに、われわれが、米国の核戦力の『首をはねた』後なら、〝不沈空母〟とか、イキがっている日本人一億二〇〇〇万を、人質にとることなど朝飯まえだ」。ともかく、確実な「ジリ貧」は耐えがたい。不確実であっても、核先制攻撃のギャンブルに賭けるほかあるまい。

だが、このクレムリンの、戦争不可避論にもとづく、絶望と恐怖の選択の結果、約三五〇〇万の米国市民と、二五〇〇万のロシア市民が死亡した。たしかに、クレムリンがおそれた米国からの核先制攻撃をうけたケースに比較すれば、その被害は予想より、ひくくおさえられたが、両帝国の没落とともに全人類の運命もまた確実に下降にむかった。それは、オーウェルの描いた世界でさえ、まだしもパラダイスと映じるような悪夢の世界であった。

＊　＊　＊

右の「一九八四年の悪夢」は、ハーバード大学の核問題研究グループ（S・ハンティントン、S・ホフマン、ジョセフ・S・ナイ等六名・共同研究）が一九八三年に発表した『核兵器との共存』（久我豊雄訳、一九八四年、TBSブリタニカ）に描かれているひとつのシナリオにもとづいて、私が脚色した近未来像である。

この一九八四年の悪夢は、われわれになにを教えているか。現代の核パリティ下では、両国政府とも想像を絶する相互破壊の結末を十分よく認識していても、相手方の先制攻撃でこうむる損害に比べれば、まだしも、こちらが先に攻撃したほうがその損害を軽度にとどめうるという計算にたって、絶望と恐怖の先制攻撃をおこなう可能性がけっしてゼロではないということである。それどころか、ミサイルの命中精度の飛躍的向上によって、敵核ミサイルの中枢部の「首をはね」、圧倒的軍事優位にたちうるという可能性がわずかにしろ出てきたため、たがいに大都市人口を人質にとるところの「相互確証破壊」(MAD)戦略時代より、危機の安定化がはるかにむつかしくなってきた。前章で私が引用したワインバーガー国防長官の「核によるパール・ハーバー」の悪夢は、現レーガン政権をとりかこむタカ派の戦略家にとって、すくなくとも現実に可能なひとつのシナリオになっている。

だが、このシナリオで見おとされているのは、クレムリンの報復、対抗措置が予告されているにもかかわらず、なにゆえに、パーシングⅡや巡航ミサイルを西欧に配備するのか、ということである。私がハーバード大学滞在中、ヨーロッパ研究所所長のスタンレー・ホフマン教授が、八三年一月のモスクワ訪問後もらしていたように、「米陸軍は、空・海とちがってパーシングⅡ以外に核ミサイルをもたない。この虎の子を西ドイツに配備することに固執しているのは陸軍の既得権益からくるものだ」という指摘に同意せざるをえなかった。

要するに、相手方の先制攻撃や出方を抑止する目的でおこなわれる、さまざまの非軍事的制裁（経済制裁）や、在来兵器による報復（右の例でのキューバ基地攻撃）およびその威嚇も、相手とばあいによっては、抑止ではなく、挑発行為になりかねない、という教訓である。その典型的な事例がパール・ハーバーにいたる日米開戦の悲劇であった。このことをあきらかにするため、このケースとさまざまな点で酷似していながら、決定的な点でちがっている朝鮮戦争（一九五〇年）の例をとりあげ、両者を比較してみる必要がある。

抑止の失敗

真珠湾奇襲の大災厄は、戦後アメリカの、一九四〇年代のインテリジェンス機構を全面的に編成替えさせるほどの衝撃を官民にあたえた。だが、米ソ間の冷戦下で、その相互抑止、相互制御にもかかわらず、両勢力圏内部の小国による奇襲はあとをたたず、いぜんとして奇襲防止のきめ手はない。

一九五〇年六月二十五日の北朝鮮軍の侵攻、五〇年秋の中共軍の予想外の大反攻、五六年十月二十九日のシナイ半島でのイスラエル電撃作戦、六七年六月五日の六日戦争、七三年十月六日の十日戦争、六八年八月のソ連軍のチェコ侵攻、完全な奇襲とはいえないが、七九年末のソ連軍のアフガン侵攻、あるいはソ連やキューバにとっては、米軍のグレナダ侵攻など、いずれも奇襲である。

とくに、朝鮮戦争は、「冷戦のパール・ハーバー」とよびうるようなインパクトを冷戦にたいしてもった。それまでヨーロッパ、アジア両地域で別個にたどっていた両冷戦を一挙にグローバルなものとして結びつけた。冷戦が局地的なものから、地球大のものへと拡大され、比較的限定的なものから、イデオロギー、経済、軍事のすべての領域、争点にまたがる全面的対決へと上昇させる契機となった。とくに冷戦の本格的な軍事化をもたらしたのは、朝鮮戦争であった。さらに真珠湾攻撃がアメリカ国民の挙国一致態勢をつくったように、朝鮮戦争は、一時にせよ、共和・民主両党のはげしい対立に休戦をもたらした。

また、事前に多量の情報、警告があったにもかかわらず、政治指導者のもつ予断、偏向、不信、とくに、例の「狼少年シンドローム」による油断、正しい情報と雑音とを選別するインテリジェンス機構の無能力など、多くの点で、朝鮮戦争は、パール・ハーバーの事例と酷似している（くわしくは、拙著前掲『冷戦の起源』、とくに第八章「冷戦のパール・ハーバー」参照）。

とりわけ北朝鮮指導部のもつ長期と短期の未来像の点で、「いまが好機だ。これをのがしたらふたたび好機はこない」と信じこませるにたる情勢が生まれつつあった点でも、太平洋戦争直前の状況とよく似ている。

一九四一年、パール・ハーバー直前、合衆国当局者は、日本軍の攻撃目標が南方、とくにマレーシアかフィリピンであると信じ、真珠湾を攻撃するとは夢にもおもっていなかった。五〇年はじめ、米当局、インテリジェンス分析者にとって、中国が攻撃する可能性はあるにしても、その主要目標は台湾であって、韓国ではなかった。そのうえ、北朝鮮は、モスクワの完全な支配下にあるため、さして重要とも思われない朝鮮半島で、北朝鮮を挑発してモスクワが局地的な攻撃をくわえることなど、ありえないと信じられていた。

要するに朝鮮半島は、ひとつの盲点になっていた。奇妙にも、マッカーサー、ダレスのような米指導者は、南朝鮮のもつ軍事能力を過大評価し、米軍撤兵後、むしろ南から北への進攻を懸念し、これをおさえるのに腐心していた。当時朝鮮半島の情勢にもっとも悲観的な見通しをもっていたCIA（覚書）は、たしかに、南朝鮮の兵力の大半が国内ゲリラの制圧に力をそがれ、三八度線付近に兵力を展開できないでいる弱味に警告を発していた。そして、三八度線ぞいに、北朝鮮軍が急に増強されていることも報告していたが、北朝鮮軍が大量に南進する可能性はうすく、可能としても、国内でのゲリラ型闘争の激化であり、南朝鮮はその点で、十分共産勢力を減殺するのに成功していると指摘していた。

いいかえれば、北朝鮮指導部の目には、ひとつの好機が訪れたと映じたにちがいない。つまり、一方で長期の戦略的展望にたつとき、将来は確実に北朝鮮側に不利にかたむきつつあった。米国の強力な援助のもとで、日本はサンフランシスコ平和条約で西側陣営の一員になり、沖縄、本土に米軍基地が設けられ、韓国政府も米国の援助で急速に軍事力を強化することが予想された。だが、短期の見通しは、暗くはない。李政権は五月の総選挙で敗れ、国内のインフレ、経済・政治の危機は重大化しつつある。いまのうちに南朝鮮の軍事機構をいっきょに撃破すれば、南朝鮮は国内的に崩壊し、北朝鮮の解放軍にあい呼応する地下共産党の指導下で、韓国人民は決起するだろう。たしかに、韓国の地下共産主義者はそうした楽観的な国内情報を金日成にながしつづけていた。それまで、北朝鮮がこころみたゲリラ、テロ、内部攪乱(かくらん)作戦は、決定的な打撃を韓国政府にあたえることに成功していなかった。北朝鮮の立場からの武力による南北統一の悲願は、長期的展望として、悲観的見通しになりつつあった。

それと同時に、アチソン国務長官のナショナル・プレス・クラブでの有名な演説で、アメリカの、極東におけるミニマムな防衛線から、台湾と韓国がのぞかれていた。地政略的レベルでは、三八度線という「分界線」と、いわゆる不後退防衛線との間に大きなギャップができつつあった。

ここに突如として、時間・空間の双方にまたがって大きな力の真空が生じた。それは一種のエア・ポケットのようなものであった。多くの研究がしめすように、「今が好機だ、これを逃したら、二度とこない」と北朝鮮指導部に信じこませるに足りるものが生じつつあった。おそらく北朝鮮軍は、五〇年六月十日ごろから二十五日にかけて、急遽、ひそかに奇襲準備態勢をととのえたものとおもわれる。

北朝鮮軍の奇襲は、真珠湾奇襲に比較して、ここまでは酷似している。しかし、つぎの重要な一点でことなっている。

後から回顧すると、太平洋戦争はけっして不可避ではなかった。それは、現在、進行中の米ソ対立が、核、非核をとわず全面武力対決にいく、なんらの必然性も不可避性ももっていないのとおなじである。それぞれの重要な選択点で、双方の指導者、世論、有権者、議会、同盟国、あるいは第三国が、もうすこし賢明でべつのコースを選択していれば、さけえたであろうところの、さまざまな過誤、偶発事、過去からの惰性、時のいきおいなどの集積の結果なのである。多くの指導者が状況の主体というよりも、状況の無力な囚人と化した感がつよい太平洋戦争に比較して、朝鮮戦争は、はるかに回避可能の、必然性・不可避性にとぼしいものであった。というのは、朝鮮戦争の勃発は、北朝鮮指導者の主観的な予測、判断、決定に多く依存していたからである。つまり、その決定は、東西間の、物理的な力関係、客観的な能力の計算や認識によってなされたものではなく、むしろ、合衆国政府の情勢認識、意思についての北朝鮮指導層のパーセプションにかかっていた。すなわち、朝鮮半島の局地紛争に米政府が武力介入する意図はあるまい、という合衆国指導者の意思、決断にたいする北朝鮮側の見くびり、過小評価にあったからである。フルシチョフが回顧録で強調しているように、金日成のきわめて危険な南朝鮮の武力解放にスターリンも最初反対していたが、不本意ながら、それに承諾をあたえたのは、米軍介入はない、という金日成の情勢判断が、「絶対確実」で、「迅速な勝利」を彼が保証したからである。この金日成・スターリンの情勢判断は、前述のように、米国側の客観的な情勢分析とぴたりと対応していた。アメリカ側も、中国本土に生じつつあることをふくめて、アジア地域での民族主義の自立性に信頼をおき、各国民の自助と独立の精神を尊重し、アジア大陸への局地紛争には不介入政策をとる基本方針をかためていた(NSC—48文書参照)からである。アチソン国務長官の不用意な、ディフェンス・ペリメーター演説もそのあらわれにすぎない。このように考えると、朝鮮戦争は、アメリカ側の不用意な、あるいは不適切な抑止、つまり抑止の失敗によって誘発された奇襲の典型的な例ということになろう。

抑止か挑発か

北朝鮮軍侵攻の事例にたいして、真珠湾の奇襲は、主として経済制裁の間接的手段にもとづく報復も、状況と相手しだいによっては、抑止よりも挑発になりうるという好例のようにおもわれる。一般に、アメリカ的国際紛争観では、武力行使は最後の手段でやむをえない自衛のとき以外、みだりに発動してはならないものとされている。その裏返しとして、武力行使以外の、間接的制裁、強制手段――重要資源の禁輸、海上封鎖などは、武力行使より、おだやかな手段とみなされている。しかも前章でふれたように、日本軍の南方作戦は、おもいあがった当時の指導層にとってはべつとしても、「傍若無人と云うの外はない」もので、「アメリカがよくあれまで我慢したものと思う。資金の凍結や油の禁輸などは窮余の策で、まだまだおとなしい方だ」（井上成美の言）というのが国際常識であろう。

この歴史の教訓からいっても、われわれが反省しなければならないのは、現在の日米経済摩擦で、わが方にもいろいろ言い分はあっても、生産性の低い農業を一方的に保護しておきながら、生産性の低下しつつある米国の機械、製鋼、自動車、家電などの領域で、怒濤のような、なぐりこみをかけることは、おなじく国際常識に反している、ということである。選挙区へのおもわくから、コンニャクひとつ市場開放できない政治家が、国をまもる気概をもての、国を愛するのどうのといって迫力がでるわけがない。井上成美提督のような人物こそ、真の愛国者というもので、わが国の政治家も提督の爪の垢でも煎じて飲むがよい。

だが、謎としてまだ十分に答のない問題は、石油禁輸（これとて、南米その他から、商業ベースで購入可能であり、致命傷になるまいと米国側は考えていた）はともかくとして、なぜ、ルーズベルトの在米資産凍結をもって、まるで事実上の最後通牒にちかい強硬措置と解釈し、これに過剰な反応を日本側がしめしたのか、ということである。これも「あと知恵」にちがいないが、こんにちわれわれが入手しうる資料をみるかぎり、当時ルーズベルトの在米資産凍結措置は、日本の南方戦略にたいする一種の事前警告にすぎなかった。たしかに、ルーズベルトの投与した薬は劇薬ではあったが毒薬ではなかった。それは、日本側が予想したように、不可避的に石油禁輸にいく意図をもった、対日経済扼殺の計画の一環ではなかった。

日本軍の北部仏印進駐後の一九四一年七月二十三日、野村〔吉三郎〕大使がスターク米海軍作戦部長と会談したとき、野村大使の人柄を愛していたスタークは、東京—ワシントン間のいたばさみとなって苦悩する野村に同情していた。そして野村にたいして、インドシナの米穀と鉱物資源の確保をルーズベルトに交渉させるべく、大統領との会談を約した。前述のように、スターク作戦部長に代表される米海軍作戦当局は、大西洋と太平洋の二正面作戦による海軍力の分散をおそれていたのみならず、山本連合艦隊より劣勢の米太平洋艦隊の準備不足を十分よく知っていたからである。この海軍の立場にたいして、逆に陸軍

(とくにG2)は、対日強硬の立場をとり、七月二十五日付のマーシャル陸軍参謀総長あての覚書で、「対日経済制裁が日本の攻撃を誘発するということは杞憂にすぎない」むねを力説していた。

七月二十四日、ルーズベルト、野村、スターク、サムナー・ウェルズの会談のとき、大統領は、インドシナの米穀と鉱物資源の供給を提案し、日本軍がインドシナ制圧を断念すれば、インドシナ中立化、「暫定協定」措置で、この危機を脱しうると考えていた。むろんルーズベルトは、日本側がこの暫定協定案をのみ、南方進出戦略を断念するとは信じていなかったが、これがひとつの警告となって、日本の南太平洋進出をくいとめる抑止となりうると考えていた。このとき野村大使は、このルーズベルト提案をもって、「ちかい将来、ある種の経済圧迫が強行される前兆という印象をうけた」と東京に打電している。ところが日本側では、海軍軍令部がそれまで山本の真珠湾攻撃計画にたいして冷たかったが、その態度をかえはじめた。つまり南部仏印進駐によって虎の子の空母を南方作戦と真珠湾双方にさかねばならないという作戦上の制約から解放され、海軍航空隊の陸上基地の確保によって、二正面作戦回避のメドがつきそうになったからである。

かくして南部仏印進駐の結果、ルーズベルトは、在米資産凍結にふみきった。野村大使は、「ひとたび資産凍結へと米国がすすんだ以上、外交上、その完全な断交は時間の問題である」と、信じこんだ。この北部仏印進駐―ルーズベルトの暫定協定提案―南部仏印進攻―資産凍結―日本の対米硬化―真珠湾攻撃および南方作戦準備―対日石油禁輸―ハル・ノート―開戦にいたる日米関係のプロセスには、戦後日本の経済摩擦における認識ギャップの、いわば「原型」のようなものをみることができよう。

相互誤解の二つの要因

ここに二つの問題がうかびあがってくる。その二つの要因は相互にからみあっているが、いちおう、区別しておくほうがいい。第一は、通例どこの国家間の外交交渉でも生じがちな相互誤解である。つまり、ひとつの国家なり政府を、人間の個人のように一個の単一人格をもつ行動主体と、たがいに誤認して政府がそれぞれ、各種のグループに内部で分裂し、意見の対立があることを無視してしまい、その官庁間のかけひきや妥協の結果として、相手方の出方が決まってくることを忘れてしまうことである。

第二は、右のような、すべての政府間外交交渉に普遍的にみられる誤解と認識ギャップではなく、たがいの文化的特異性に根ざした交渉観、交渉のルール観の相違にねざすものである。この両者がわかちがたく複雑に入りくんでいるため、さけることのできた摩擦や対立が不必要な紛争にまで拡大していくことが多い。

第一のケースとして日米関係をみると、当時のルーズベルト政府は一枚岩どころか内部分裂になやんでいた。一方でヘンリー・モーゲンソー財務長官、スチムソン陸軍長官、ディーン・アチソン国務次官補、ホーンベック国務省極東担当補佐官などに代表されるタカ派（対日強硬派）は、ただちに、対日石油輸出全面禁止を主張した。だが、ルーズベルト大統領をふくめ、スターク海軍作戦部長、グルー大使らのハト派（対日宥和派）は、右に述べた理由から反対であった。ルーズベルトの在米資産凍結措置は、どちらかといえば強力なタカ派をおさえるための、中間的妥協案であった。米政府は、日本の南方進出の出方をみて、凍結ドルの使用についても、よりきびしい方向をとるか、より穏やかな方向（対米輸出の日本商品の購入にあてる）をとるかをきめるため、まだ決断をしかねている状態であった。

米国側に比較しても、タカ派勢力の圧倒的につよかった日本側でさえ、対米強硬派一本にかたまっていたわけではない。米側のスターク海軍作戦部長とおなじように、山本、米内、井上など、ハト派がいた。すくなくともルーズベルト提案の暫定協定の交渉をすすめ、南部仏印進駐を中止すべきという意見もあった。だが、この弱いハト派勢力といえども、米国側もまた、内部に意見の対立をかかえていることなど知るよしもなかった。米国側も、日本政府が一枚岩に団結し、軍部の南方進出戦略に統合され、個々の出方はその一貫した綜合戦略の一環としてとらえがちであった。たとえば、その四ヵ月後、ルーズベルトは、決定的な瞬間に、日本側の態度を誤解した。つまり、それを統合された一枚岩のものと過大評価する錯誤をおかした。

日本政府は、十二月の開戦予定日がちかづくにしたがって、日ごろの大言壮語はどこへやら、ドン・キホーテが風車にちかづくにつれて、その巨大なリスクに後ずさりするかのように、内部の意見対立と、将来への不安が色濃くなっていった。東条〔英機〕首相と、東郷〔茂徳〕外相の対立、陸軍と海軍との対立が、かえって、きびしいものになっていった。

十一月二十六日、ルーズベルト大統領は、日米交渉の、より抜本的な打開策を求めて、短期の暫定協定案の提案を、真剣に考慮中であった。ちかくその提案を東京におくるべく、みずから草案をねっていた。そのとき、対日強硬派のスチムソン陸軍長官から電話で、「目下、日本軍が南方作戦のため台湾南部に集結中」との極秘情報を伝えられた。ルーズベルト大統領はとびあがらんばかりに驚愕、ただちに、予定の構想を放棄し、ハル国務長官に十箇条の提案作成を命じた。それ（ハル・ノート）が日本政府にとってまさに最後通牒にひとしい内容のものであったことも、よく知られている。このときルーズベルトは、この日本軍の台湾南部集結の情報で、全情勢が一変したと判断した。それは、彼にとって日本政府の対米不信をしめし、ゆるしがたい背信行為であると映じたのである。

この相互誤解と似たケースとして、一九四五年八月十日から十四日（米国時間）にかけての決定的な五日間の日米交渉がある。これは、文字どおり、われわれにとって肌に粟を生ぜしめる、日本降伏についての決定過程である。ここでは日米双方で、ハト派（早期和平派）とタカ派（徹底抗戦派）の内部対立についてイメージがくいちがっていた。米国側では、フォレスタル海軍長官、リーヒ提督など条件づき早期和平妥協派と、無条件降伏を主張するトルーマン大統領、バーンズ国務長官らの対日強硬派との対立があった。

トルーマン＝バーンズの強硬派は、妥協は米国の弱みをしめし、日本の軍部強硬派を勇気づけるという理由で、天皇制問題での妥協をはねつけ、原爆投下、上陸作戦を強行しても、対日無条件降伏を強要すべしと主張した。このタカ派の対日イメージは、鈴木〔貫太郎〕内閣下の対米イメージと正反対であった。米国があくまで天皇の地位明確化をしぶり、無条件降伏に固執することが、日本側のポツダム宣言受諾を困難ならしめ、軍強硬派のつけいる余地をことさらつくっているという認識で、日本政府の意見はほぼ一致していた。もしフォレスタル提案の玉虫色提案で、米国側のタカ派、ハト派の妥協が成立し、降伏条件の緩和によって、日本側のポツダム宣言受諾にこぎつけなかったら、あやうく、三番目の原爆は八月二十一日ごろ、小倉、新潟、東京のいずれかの目標に投下され、さらに七万近くの無意味な犠牲と破壊がもたらされるところであった。

警告の読みちがい

第二の問題は、もっと微妙で、より根本的な文化の相違である。それは、著名な文化人類学者エドワード・T・ホールがするどく指摘しているように、国際紛争の拡大過程についてのアングロ・アメリカ的イメージに深くかかわっている。それは、ほぼ、つぎのような順序とプロセスをふくんで、一歩一歩、階段をあがるように紛争が拡大する。基本的には、つねに一方で、交渉、はなしあいの窓口をひらき、他方で、相手方が要求を拒否または敵対行動をとるならば、それにたいして、一段また一段、制裁手段を上昇させていく。それぞれの段階で、妥協が成立すれば、暫定協定がむすばれる。

まず、微妙なあてこすり、ほのめかしの段階からはじまって、冷たい態度、第三者（第三国）を介してのおだやかな警告、それでもだめなら、言語による明確な強硬声明、対決、やがて、資産凍結、戦略物資の禁輸、穀物輸出・石油輸出禁止などをふくむ全面的な経済制裁など、合法的な制裁手段を、ギリギリの線までとる。そして、最後に、国際法上、正義はわれにありの明確な法的立場を確立して（敵をおいつめ、窮鼠猫を噛む式に、敵に第一発をうたせる）、全国民の怒りを背景に、武力行使にふみきる。

わが国はとうぜんのことながら、日英同盟のころまではなんとか、この英米的な国際法を学び、これに忠実な優等生的態度をとってきたが、日露戦争後、にわかに大国意識と自信過剰から、調子づき、ヒトラー・ドイツのような無法者の強腰外交がペイするかのような悪例を信じこみ、真の実力がないのに、近代日本がもっとも不得意なパワー・ポリティックスを追求しはじめた。とくに英米との紛争に不馴れのため、米国との交渉過程で、米国の発する「予兆的警告」（adumbrative sign）を読みちがえていくのである。

この文脈からみると、ルーズベルトの在米資産凍結措置というひとつの予兆的警告を、対日石油禁輸にいたる米国の一貫した経済制裁行為と誤解したのもむりはない。

この予兆的警告の読みあやまりは、日米間のみでなく、米英間（たとえば、一九五六年のスエズ動乱、一九六二年のスカイ・ボルト・ミサイル開発をめぐる対立）でも生じている。両政府のタカ派は、譲歩や妥協こそ自国の弱味をみせ、相手方のタカ派をいっそう勇気づけ、ハト派の士気をそぐものと錯覚しあう。各政府間の両タカ派（強硬派）相互のいわば自己充足的予言のスパイラル――「それみたことか、われわれ（タカ派）が警告したとおりの反応に出てきたではないか」という一種の悪循環をうみだす傾向がある。

現代の核脅威下でも、米ソ間におなじようなタカ派同士の相互誤解と意図の読みちがいによるスパイラルが生じうる。そのことは、「一九八四年の悪夢」ですでに私が描いたものである。一九六二年のキューバ危機のとき、ケネディ政権下の最高執行会議で、ロバート・ケネディ、マクナマラ、ソレンセンなどのハト派が力説した間接的な対応——海上封鎖にたいして、もしフルシチョフが太平洋戦争当時の日本軍部のように、これはやがて全面核攻撃にいくまでの前ぶれであって、その一貫した対ソ戦略の一環であると誤読したらどうだったろう。いま、海上封鎖にたいして弱みをみせ、撤退するならば、かえって米国のタカ派をつけあがらせるのみだと信じたら、どうであったろうか。むろん、当時、米国は、核戦力比で、圧倒的優位をもっていた（一九六四年の数字でいえば、米国は、対ソ比で、核弾頭数で一七倍、発射台の数で四・三倍であった）。そのうえ、カリブ海域での海軍力の圧倒的優位を確保していた。さらにもっとも重要な点であるが、そうした「能力」の差よりも、ケネディがしめした決断の意思のつよさ、実力行使の信憑性が、フルシチョフに十分よく理解できた、という点である。それは、アメリカ本土に近接するキューバという地域に、核をもちこむということが米国の利益にとって、どれだけ死活の重要性をもつか、ということが、だれの目にも明白であったからである。それと同時に、フルシチョフはじめソ連の政治指導層は、かつての日本軍部とちがって、現実主義者であり、その行為の費用

（犠牲）を、そのおよぼす結果（効果）に比較して、十分よく計算できる行動主体であった。かれらは、けっしてヒトラーや日本の軍部のように、法やルールを無視する「傍若無人の無法者」ではなかったし、自暴自棄の行動をとるような非合理的な行為者でもなかった、ということである。むしろ、われわれ日本人のほうが、自分で気がつかないうちに、国際常識からはずれた無法者になっているかもしれないことを、たえず反省しなければならない。われわれ日本人にとって死活の重要性をもつ自由貿易の領域で、とくに自戒すべき点であろう。

日米間の認識ギャップや摩擦で、すぐ、文化的特異性をもちだし、それですべてが理解されたかのように考える見方には、私はつねに反対であるが、この太平洋戦争にいたる日米誤解のプロセスをほりさげると、文化の問題を無視するわけにはいかない。この点でも、E・ホールの用語が、便利である。

要するに太平洋戦争にいたる日米間の対立には、日本側にみられる日本の経済力、資源、中国問題などの「国益」と「国家目標」の明確な説明不足がある。日本の国益の定義、勢力圏の明確化、国力の限界などについて、論理的明晰さをもって説明する、説得力に欠けていた。つねに、相手方は、われわれの苦境を察し、言葉で言いあらわせない、なにものかを肚でわかってもらえるハズだという期待があったことである。したがって、自分たちの主張や真意が相手方にわかってもらえないとき、それは、内部に鬱積していく。それは一種の怨念、呪詛となって、メタン・ガスのように重く内にこもっていく。それは、一挙に発火、大爆発の日（真珠湾攻撃）まで徐々に蓄積されていく。

日本のとる行動が、沈黙をやぶって、〝突如〟として、〝どっと〟、〝集中豪雨のように〟予想外の大爆発となる、という恐怖のイメージとなるゆえんである。

E・ホールの語をかりれば、太平洋戦争にいたる日米関係は、米英のような「文脈度の低い文化」（low context culture）と、日本のように「文脈度の高い文化」（high context culture）とのあいだの、外交交渉であった、ということである。前者は、言語とか象徴とか虚構の力を信じあい、社交とか作法とか、契約とか、社会の秩序を守るうえでの基本ルールを相互に確認しあうことで秩序がなりたつ「タテマエ」中心のオモテ文化である。これにたいして、日本は、高度に人間関係が情的に文脈化され、いわば肉体化されている。意思の伝達、交流も、以心伝心で、だまっていても、わかりあえる文化である。状況に応じて「タテマエ」と「ホンネ」を使いわける微妙さが要求される。

たとえば、日本のような高度に文脈化された文化で、「ホンネ」を露骨にだし、怒りを簡単に口にしたり、ジェスチュアで示すことは、はしたなく、自制を失った証拠であるとされている。それは自己の面目をつぶす行為である。したがって、相手側にたいしてもわが方のメンツやカオをつぶす行為は、つとめて自制するはずだ、との期待がある。したがって文脈度のより低い、タテマエ社会では、それほど深い傷ともおもえない言語の対決(討論)や行動も、場合によっては予想以上に相手を傷つけていることがある。しかし、それを自制し、その傷と屈辱をたえしのび、明晰な言語で抗議しない。それは内攻していく。

欧米が国際紛争の過程で、日本にたいするとき、ともすれば、ほのめかし、あてこすり、第三国を通じての穏和な警告では効果がなく、その予兆的サインにたいして日本が無神経だとおもいこむ。イライラしながら、「これでもか、これでもか、もっと押せ、もっと押せ」と、壁に押しつけ、日本側の手応えを感じるギリギリの線まで、その文化・社会の型と限界をさぐろうと、圧力を行使しつづける。これは、むろん、日本側をふかく傷つける。その心の傷を顔にだし、ことばに怒りをあらわすことを最後の最後まで自制する(「忠臣蔵」から「おしん」にいたる劇的感動の源泉)。そして日本が真に怒りの反応を呈するときは、時すでにおそしである。もはや、ひきかえし不能地点(松の廊下)をこえてしまっていることが多い。在米資産凍結から石油禁輸にいたる経済制裁でみられる日本的反応はその典型的な例であろう。

アメリカのような文脈度の低い文化からみると、わが国の行動は、「沈黙」をやぶって、

「突如」として奇襲にでる、というイメージとなる。繊維交渉のとき、一九七一年三月、日本の繊維業界が対米輸出の自主規制を一方的に計画、提案したとき、内閣官房長官が政府間交渉はこれで不要になったと言明したことがある。そのとき、ニクソン政府が、「一九四一年十二月七日（むろん、アメリカ時間のパール・ハーバーのこと）いらい、日本ははじめて一方的に交渉をうちきった」と解釈したのはそのいい例である。それまでの政府間交渉は、ためにする一種の偽装であり、「だまし討ち」の陰謀と映じたのである。むろん、日本の繊維業界ほど、政府から独立した業界はない。にもかかわらず、官民一体の「日本株式会社」という一枚岩像が定着していたことも、日本側提案が、一方的な奇襲イメージを復活させる大きな一因となった。

この文化という文脈からみると、もともと外交というものは、交渉国がたがいに交換する、予兆的警告のサインと行動を正確に読みとるわざにほかならない。真珠湾から繊維交渉、そして現在の経済摩擦にいたる日米交渉でも、この文化的構造差からくる相互の読みあやまりがつねにひそむことを忘れてはなるまい。

このことは、核時代における米ソ間の交渉で、いまや人類の生存をかけての死活の重要性をおびたものとなっている。

Ⅲ　情報とタイミング――殺すより、騙すがよい

「殺すより盗むがよく、盗むより騙すがよい」とチャーチルはいった。チャーチルのおそるべき情報戦略は、いかにして悪の天才ヒトラーのウラをかいたか。第二次大戦中のエニグマ暗号解読と対独欺瞞作戦の全貌を通して、現代の情報戦のすさまじさをあきらかにする。

マーシャルの苦悩

一九四四年九月二十五日、合衆国陸軍諜報部のカーター・クラーク大佐は、マーシャル陸軍参謀総長の密命をうけて、オクラホマ州タルサにむかっていた。タルサ・ホテルには、共和党大統領候補のトーマス・E・デューイ（ニューヨーク州知事）が、西海岸での遊説の旅をおえて宿泊中であった。彼は九月二十五日にオクラホマシティーで演説する予定になっていた。すでにデューイが、真珠湾関係の新事実をあつめ、

ルーズベルトの四選をはばむため、事前に日本側の極秘暗号を解読していた事実をあばくらしいという、うわさがしきりに流れていた。四四年十一月七日の大統領選挙投票日をまえに、真珠湾奇襲をめぐる責任問題は、民主・共和両党の大きな争点になろうとしていた。すなわち、ルーズベルト大統領は、日本側の暗号（紫暗号（パープル・コード））を解読して、真珠湾攻撃の危機を事前に知りながら、その警告を故意におこたった証拠があるとして、デューイは大統領を糾弾する準備を着々と、ととのえつつあった。

このことを知ったマーシャルは色をうしなった。暗号やインテリジェンスについて半可通のデューイ候補の暴露演説によって、「紫暗号」がアメリカ側に解読されている事実を敵側（日本とドイツ）が知ったら、こんごの作戦遂行上、はかりしれない打撃をうける結果になることはあきらかであった。しかし、そのことをルーズベルト大統領に相談し、大統領の権威を使って、この重大機密の暴露をおさえれば、マーシャルの立場は親ルーズベルト派として色づけされ、政争の渦にまきこまれる。だが、軍の責任者としてマーシャルには、デューイのひとりよがりの軽率な行為で、これから幾千幾万の連合軍兵士が無駄死を強いられる可能性をまざまざと頭にえがくことができた。

九月二十五日の朝、信任あつい陸軍諜報部のカーター・クラーク大佐に親書をたくして、マーシャルはデューイの翻意をうながす決意をかためた。これは、ルーズベルトのまったく関知しないマーシャル個人の選択であった。このデューイあて親書は、海軍作戦部長キング提督ひとりのみに見せていた。

タルサ・ホテルの一室でデューイと二人きりで対坐したクラーク大佐は、その極秘の親書をデューイに手わたした。デューイは、その親書のごく初めのパラグラフに目を通し、「暗号」の文字を見つけると、いそいで封を閉じて読まずにかえした。デューイは別の情報源からすでに知っている事実を、この親書で知ったことになると、軍事機密漏洩の罪にとわれることを恐れたからである。この親書がルーズベルトのさしがねであって、彼の口を封じるためのものとかたく信じこんでいた。

その三日後の九月二十八日、ことの重大性にかんがみ、マーシャルはつづいて第二の手紙を、クラーク大佐に命じて、オルバニーのニューヨーク州知事官邸に届けさせた。この第二書簡を、デューイは不承不承さっと目を通して日本側がこの最高機密（暗号解読の事実）を知らず、真珠湾攻撃当時の暗号をまだ使用していることをはじめて知った。

こんにち、われわれは、マーシャル元帥の極秘・第二書簡（一九四四年九月二十七日付）の内容を知ることができる（公文書ファイルSRH—〇四三。一九七九年十一月二十日解禁）。かなり長文なので、その骨子のみを要約する。

「……要するに、われわれの直面している軍事的ディレンマはつぎのことである。真珠湾問題でいわれている最重要の証拠は、われわれが、日本の外交通信（紫暗号のこと）を傍受・解読していたということである。その外交機密文書の暗号化のため日本側が使用している機械と同型のものをわが方がつくりだすことに成功して、その通信文を解読している。……

だが不幸にして、十二月七日（アメリカ時間の真珠湾攻撃日）までに届いた通信文にはハワイ攻撃の意図をしめす、なんらの兆候もなかった。その翌日、十二月八日になってハワイ攻撃にかんする通信文をやっと入手しえたのである。……

さらに、ヨーロッパでのヒトラーの意図にかんするわが方の主要な情報源のひとつは、ヒトラーおよびその側近高官と、大島男爵（ベルリン駐在の大島浩大使のこと）との会見についての大島発通信文の傍受にあることである。……真珠湾事件にまつわる暗号は、まだヨーロッパ情勢にかんする貴重な通信文に使用されている……」

マーシャル書簡は語をついで、珊瑚海海戦、ミッドウェー作戦、米潜水艦による海上輸送路遮断、マニラ湾上陸作戦など過去、現在の作戦成功ではたした暗号解読の功績をかたり、万一、真珠湾責任問題で、われわれの所有している極秘情報源が敵側にすこしでも疑われるようになったら、どのような悲劇的結果をまねくか測りしれないものがある、とのべている。

「もっとも厄介な問題は、このことがイギリスの首相、および軍最高指導部のごく一部高官のみが知っている最高機密（「ウルトラ」のこと、後述）に深いかかわりをもっていることである。いま開始されたばかりのアイゼンハワー将軍の大作戦（ノルマンディー上陸作戦のこと）も太平洋の全作戦も、その成否は、われわれが暗号解読によって得られた情報をどう使用するかのタイミングに密接な関係をもっている。……」

デューイは、この歴史的文書にさっと眼を通すと、「ジャップがあの当時の暗号をまだ使用しているとは」と絶句、信じがたい面持であった。クラーク大佐はここぞとばかり、「危うくイギリスを救った（英本土の大航空戦、バトル・オブ・ブリテンのこと）のも、チャーチル首相がこの秘密兵器（「ウルトラ」のこと）を保持していたからです」とつげ、アメリカ人の機密保全意識の欠如こそ、イギリスがその機密情報の共有をしぶっていた大きな理由であることをつけ加えた。米国のように、政府から独立、自由な新聞をもつ公開社会で、戦時の機密漏洩は悩みの種であった。事実、ミッドウェー海戦で大打撃をうけた日本艦隊が退却をつづけている最中に、なんと「シカゴ・トリビューン」紙が、「わが海軍、海上攻撃を企図した日本側の暗号を入手」と大見出しでセンセーショナルな記事をかかげていたのである。チャーチルはただちに合衆国政府へ厳重な抗議をおこない、機密保全規定の強化を訴えている。

さすがにデューイも、この暗号解読の事実をルーズベルト弾劾の政治的武器につかうことを断念した。

真珠湾陰謀説の背景

右のことは今日よく知られている史実であるが、いわゆる修正主義学派（共和党右派に多い）によって、しばしば、ルーズベルト陰謀説の文脈でゆがめられて解釈されている。最近の例ではジョン・トーランドの著書（『真珠湾攻撃』）がある。この著書では、あの人格高潔、廉直の士として名高いマーシャル元帥も、キング提督とともにルーズベルトの陰謀に加担して、真相隠蔽に協力した一味徒党とみなされ、右の書簡の例もその文脈で引かれている。

また、これまたトーランドの著書で引用されていることだが、「紫暗号」をやぶった天才として名高いフリードマンが、真珠湾奇襲の第一報をラジオできいて、「だって連中はわかっていたじゃないか、ちゃんとわかっていたではないか」と、つぶやいたことば事実である。しかし、これも、しばしば、わが国で誤解されていることだが、このフリードマンのつぶやきは、「真珠湾攻撃を知っていたはず」という意味ではなく、日米が開戦前夜の緊迫した情勢にあるのを知りながら、どうして警戒をおこたって奇襲になったのか、という、紫暗号解読者としてはとうぜんのおどろきの表明にすぎない。

この奇襲による未曽有の惨禍と屈辱をまねいた真相究明のために、あまたの査問委員会が設置された。攻撃の九日後にルーズベルトの招集した査問委員会、一九四四年に任命された陸海軍の合同調査委員会、陸海軍両省のイニシアティヴで進められた調査、さらに公聴会の記録をはじめ、三九巻の分厚い議会の調査記録がある。それらの資料をもとに、ロバータ・ウォールステッター女史の古典的研究『パール・ハーバー――警告と決定』（一九六二年）が生まれ、すでにあらゆる証拠が研究しつくされている。

真珠湾事件から二〇年後、フリードマンは、数多くの修正主義者の学説について若い甥から手紙で意見を求められたとき、つぎのように答えている。

「日本軍の攻撃が行なわれる場所と日時を正確に示したといえるような暗号通信は、一つもなかったね。したがって、ルーズベルト大統領が事前にそのような暗号の解読文を読み、最初から攻撃を回避しえたとは考えられないよ。このような絵空事は極右派（共和党右派のこと）とよばれる少数の人たちが信じているだけで、信頼のおける、権威ある歴史家は一人としてそんなことを信じていない」（R・W・クラーク『暗号の天才』参照）

このフリードマン発言も、右のマーシャル書簡とまったく一致している。ここでは、ルーズベルト陰謀説や、トーランド批判の細部に深入りする余裕はないが、およそ陰謀説のでてくる心理的、政治的理由はよく理解できる。

たとえば、四一年十二月七日の朝、オハイオ州クリーヴランドのカントリー・クラブで、太平洋関係研究所（ＩＰＲ）の集会が開かれていた。議長が極東問題の専門家を二つのグループにわけ、べつべつに日本の対米開戦の可能性について分析・評価をおこなったところ、両グループとも、「日本は、一年かそれ以上、行動にでることはない」という結論で一致していた。その直後に、真珠湾奇襲のニュースがとびこんできたのである。日本問題の権威、専門家たちの狼狽、驚愕ぶりもわかるというものである。まして無敵米海軍、難攻不落の真珠湾を信じきっていたアメリカの民衆、軍部のおどろき、屈辱、怒りは察するにあまりある。

戦後やがて、ルーズベルトは、暗号解読その他の情報で、その緊迫した情勢を十分よく知っていたという事実があかるみに出た。にもかかわらず、その機密情報をハワイ防衛の責任者キンメルやショートにさえ知らせなかった。まして、われわれ米国民が知らなかったのはとうぜんだ。いったいなぜそのようなことが生じたのか。そのスケープ・ゴートをさがしはじめる。

たいていの陰謀説は、だれしも人間のやることにともないがちな予断、油断、思いちがい、偶然、失策、管理ミス（いわゆる「マーフィの法則」）を忘れて、その結果によって利益をえたもの（受益者）をさがしだし、その受益者が全能の神のごとくその結果を事前に予見し、すべての偶発事、ミスを管理、制御できたかのような錯覚におちいることからはじまる。「犯罪の受益者をさがせ。それが真犯人だ」は推理小説の定石であっても、実人生や歴史の鉄則ではない。イギリスの有名な現代史家A・J・P・テイラーは、「歴史とは偶発事の連続からなるもので、政治指導者もそれをよく制御しえない」と強調したことは有名である。

あのひと一倍、猜疑心のつよいスターリンでさえ、ロンドン、ワシントンからの事前警告、さらにスイスにあった、スターリン直属のスパイ網「赤いオーケストラ」からの警告、あまたの情報にもかかわらず、ヒトラーを信じ、いっさいの警報を無視した結果、「バルバロッサ作戦」が完全な奇襲となったことはだれでも知っている。チャーチルは、「邪悪かならずしも狡知ならず」（『第二次世界大戦史』第三巻）とスターリンの大失敗を皮肉っている。

要するに未来のことは、確実にはだれにもわからないのである。どんな確度の高い予報、警告であっても、未来にかんする情報は、それを信じるか否かの問題にかかってくる。かりに、今年の九月十五日前後、関東大地震がおきる確率がきわめて高い、という権威ある地震学者または地震研究所による極秘情報が政府にもたらされたとしよう。むろん、それを否定するべつの学者、研究機関の意見もあまたある。問題は、その警告を政府が信じ、地域住民に知らせ、巨額の費用を投じてその対応策を講じるか否か、なのである。それに値するほどの信頼度の高い情報か否か、についておそらく政府は迷うにちがいない。もし一部のパニック発生のリスクをおかして警報をだし、大規模な防災対策を講じたにもかかわらず、さっぱり地震はおきなかったら、どうなるだろう。すでに最近、似たような事件がおきている。政府は嘲笑をかい、マスコミから袋だたきにあうだろう。

ところが、政府はその警報を半信半疑でうけとり、予報もせず、なんらかの対策も講じなかったのに、偶然にも、九月中旬ごろに、本当に、大地震がおきたとしよう。それが偶然の暗合であっても、「あと知恵」によって陰謀説が生じうる。政府は、権威ある某研究所の、きわめて信頼度の高い秘密情報を受理しながら、それを故意に隠蔽し、国民に知らせる警報義務をおこたった。その結果、たすかったはずの幾万の犠牲者がでた。政府はその責をどうする気か。じつは、この地震によって莫大な利益をえた不動産業者、材木業者、地主、あるいは不穏な危機情勢を利用して、有事立法をたくらむ一部の右派勢力、これらの「陰謀」（共同謀議）があった。さらにそのグループの背後には、越山会の闇将軍の手がうごいていた……。ややはなしが漫画的になってもうしわけないが、多くの陰謀説は、この例と五十歩百歩なのである。

コベントリーの悲劇

ところがなんと、右に私があげた例と類似した歴史的事件が第二次世界大戦中におきているのである。これは文字どおり、きたるべき大空襲による災厄を確実に予知しつつ、故意に、それを国民に知らせず、その市民を犠牲に供して、いささかも動じなかった人物がいた。

その名はイギリス首相ウィンストン・チャーチル、都市の名はコベントリーである。ただし、この情報秘匿の目的は、「ウルトラ」という最高機密を守るためであった。いまでは、ひとつの「神話」にさえなっている戦時エピソードのひとつである。これは、第二次世界大戦中の一般市民にたいする大規模、無差別爆撃のはしりとして、「コベントリー化」という新語ができたほど、当時としては未曽有の被害がでたドイツ空軍の夜間大空襲であった。この空襲で、五万七四九戸の家屋が破壊され、五五四名の死者、八六五名の重傷者、四〇〇〇人におよぶ市民の火傷、怪我人をだした。空襲後、「ニューヨーク・タイムズ」のロンドン特派員は、コベントリー市を訪れ、「まるで大地震におそわれた都市のようだ」

と報じている。「ザ・タイムズ」は、コベントリーを「殉教都市」とよんだ。じつは、当時だれも知らなかったが、コベントリーこそ、文字どおり、最高機密「ウルトラ」を守るため、犠牲に供せられた「殉教都市」だったのである。

一九四〇年十一月十二日朝、ゲーリングのドイツ空軍総司令部から、西ヨーロッパに展開するドイツ各航空隊基地あてに多量の無線通信が発せられた。ロンドン近郊、北へ四〇マイルの小都市ブレチリー・パークにあるイギリス諜報部・ウルトラ暗号解読班によって、それは、傍受・解読されていた。その結果、ゲーリングがイギリスにたいする「復讐」のため、「月光ソナタ」という暗号名でよばれるイギリス三都市の無差別爆撃を計画・準備中の事実をつきとめた。たしかにウルトラには、コベントリーの名は明示されてなく、「コルン」(Korn)という名でよばれていたが、ほかの情報源とつきあわせ、「月光ソナタ」の目標が、コベントリー、バーミンガム、ウォルバーハンプトンの三都市であることをつきとめた。コベントリーにたいしては、ハインケル爆撃機五〇九機がおそう予定であることもわかった。

チャーチルが、この情報を受理してから、すくなくとも四八時間、最大限六〇時間の警告、準備の時間があった。解読された命令文には、爆撃目標として、もっぱら「一般住宅地区、歴史的記念建造物、一般市民」が指定され、その目的は「イギリス国民への一大報復」であることがうたわれていた。むろんこのきわめて確度の高いウルトラ情報にもとづき、市民の退避、防空陣地の強化、戦闘機の配置がえをおこなうことは可能であった。その時間の余裕もあった。だが、チャーチルはまよった。これまでの実績からウルトラの威力をだれよりもよく知っていたチャーチルは、その情報の信憑性を疑ったのではない。むしろ逆に、その高度の信頼性をもつウルトラの機密保持のことが、首相のあたまを支配していた。このウルトラが、最高の威力を発揮するときまで、いかなる犠牲をはらっても保守すべき戦略上の最優先機密事項と考えていた。

たしかに右の警告で、コベントリー防衛措置を講じるならば、一部の市民の生命、財産を救うことはできるが、それによって、ドイツ空軍のエニグマ暗号（エニグマ暗号機による通信文。この解読によってえられた極秘情報をウルトラという）が解読されている事実をドイツ側に感づかれる危険性があった。長期の展望にたつとき、イギリス国民のみか、西欧文明の命運にかかわる大反攻（ヨーロッパ上陸反攻作戦）の日まで、いかなる犠牲をはらってもウルトラの機密をまもりぬく責務が彼にあった。チャーチルは、D・デー（大反攻の日）に大ヤマをはるべく、最高の切札をかくすため、工業都市コベントリー二五万市民を犠牲に供することとさえ、いとわなかったのである（もっとも最近出た著書ピーター・カルボコレッシ『最高機密・ウルトラ』〔一九八〇年〕のように、いわゆる「コベントリーの悲劇」はひとつの「神話」だという少数意見もある)。

そのチャーチル首相が、ウルトラの秘密暴露のリスクをおかしても、あえてくだした作戦命令がある。それは、北阿戦線のロンメル機甲部隊を救援、補給すべく、地中海を航行中のドイツ輸送船団の情報を傍受したときである。一九四二年夏、マルタ島のイギリス特別課報部は、岩をふかく掘りさげた地下司令室にこもり、ローマにあるドイツ南方軍総司令部のケッセリンクと、北阿戦線で補給難になやむロンメル司令部間の暗号交信をことごとく傍受解読していた。イギリスの地中海艦隊は、エル・アラメーンの決戦をまえに、ロンメル軍にたいして、必死の補給努力をつづける護送船団を見つけしだい、かたっぱしからこれを撃沈するという作戦を開始した。八月中、ロンメルへの補給物資の三〇パーセントが海底に沈み、九月にも三〇パーセント、十月に四〇パーセント、じつに五万五〇〇〇トンから八万トンの貴重な軍需物資が海底のもくずと消えた。イギリス海軍のカニンガム提督とマルタ島の空軍司令官サー・キース・パーク空軍少将は、ともにウルトラ情報の機密保全にきわめて細心であった。海上で海軍が姿をあらわすまえには、かならず索敵機をだし、それが偶然に護送船団を発見したという外見をとるようにしていた。ウルトラ情報で、護送船団の正確な位置がすでにわかっていたので、船から索敵機が見つかるところを飛んでも、あまり近づきすぎないように、パーク少将は、パイロットに、おさおさ注意をおこたらなかった。

だが、ウルトラ機密保持の点から、きわめて危険な状況がでてきた。敵護送船団の第三陣が海底に消えて、次の第四次護送船団がナポリを発って間もなく、濃霧が発生した。濃霧のなかでは、索敵機が船団を発見することも、船団のほうから機影を発見することも不可能である。しかしウルトラ情報で、船団が刻々、アフリカ沿岸にちかづいていることがわかっていた。

チャーチルの決断

チャーチルは、ふたたび、ウルトラの機密保持か、それともモントゴメリー将軍をたすけるかの、きびしい選択にせまられた。このときは、チャーチルはためらうことなく後者をえらんだ。チャーチル首相は、政治的理由から、エル・アラメーンにおけるモントゴメリー将軍の勝利にすべてを賭けていた。このエル・アラメーンの勝利、ロンメルの敗北の日をもって第二次大戦の「流れを変える」転回点にしたてるべく、劇的舞台設定（全国の教会の鐘という鐘をいっせいにならすなど）におおわらわであった。おそらく用意周到のチャーチルのことゆえ、議会で敵将ロンメルを「今次大戦中の偉大な将軍」ともちあげたのも、その伝説的な「砂漠の狐」ロンメルを破ったモントゴメリーということで将軍を国民的英雄にしたてあげ、一挙に士気を高揚させるための伏線ではなかったかと、うたがいたくなるほどである。すくなくともコベントリー市民を見殺しにしたチャーチルも、モントゴメリーを見殺しにはできなかった。

だが、イギリスの空軍と海軍が濃霧のなかで突如として同時に出現し、護送船団を撃沈したということは、偶然にしては、いかにも不自然であった。さすがケッセリンクは不信をいだき、ベルリンのドイツ軍防諜機関に情報もれの原因調査を命じている。防諜機関は、情報もれの事実が見つからないむね、返信してきた。これらの問い合せ交信すべてが、エニグマ暗号なのであるから、ドイツ最高司令部がいかに、暗号の安全性に自信をもっていたかわかるであろう。しばらくして、ナポリ港の最高責任者だったイタリアの某提督が情報漏洩の疑いで解任のうきめにあっている。

われわれが関心をもつ山本五十六連合艦隊司令長官の「暗殺」事件については、すでに多くが語られている。だが、この場合は、アメリカ海軍が、暗号の機密保全にそれほど神経を使ったという形跡は見あたらない。すでにふれたように、ミッドウェー海戦で、アメリカの新聞記者が暗号解読の事実を報道していたのに、ほとんどそれに無反応で、コードの編成がえもしなかった日本軍を、なめてかかっていたのかもしれない。

一九四三年四月十四日（アメリカ時間）、米太平洋艦隊無線電信部隊（FRUPac）は、日本の南東航空隊司令部からの通信暗号を傍受し、十八日に山本長官が六機の零戦に護衛されて前戦視察におもむくむねの情報をキャッチした。山本機の迎撃をめぐって米海軍内部で論議がかわされた。それは、ウルトラの場合のように、暗号機密保全の問題ではなく、ニミッツ提督の言にしめされているように、「山本をやったあと、もっと有能な長官にかわったらどうする」という、きわめて実際的な問題であった。戦争遂行上、その人柄、能力、思考のくせを熟知している人物を相手にたたかうほうがやりやすい。真珠湾奇襲の成功で山本の手腕は米海軍から尊敬をうけていたが、ミッドウェー、ソロモンでみせた過度の慎重さと不決断の点で、米海軍の山本評価はやや下りぎみであった。むろん、暗号解読の機密保全に、まったく無神経であったわけではない。ラバウル地区での沿岸警備隊からの情報によって山本機を発見したという偽装をとることで、その保全への努力はいくらかおこなっている。

日本海軍のみならず、外務省も、暗号の安全性をいかに盲信していたかをしめすひとつのエピソードがある。いわゆる「ミキモト真珠事件」である。一九四二年末から四三年はじめにかけて、合衆国はマジック（エニグマ型暗号機による通信文の解読によって得られた極秘情報を、太平洋戦線ではとくに「マジック」とよぶ。ヨーロッパ戦線での「ウルトラ」にあたる）解読の結果、日本側が情報戦の機密費調達のため、スペイン経由の外交行囊に真珠をしのばせヨーロッパへ輸送している事実をつきとめた。国務省は、真珠を抜きとって、正式にワシントン駐在のスペイン大使館へその外交行囊を引きわたした。一九四三年五月二十一日付のマドリッド発、須磨大使の通信によると、国務省が「きわめて不快な言辞」で、駐米スペイン大使を難詰したことを伝えている。さらに、あとで同大使との会談のとき、真珠の件にふれると、同大使が「合衆国がかくもすばやく、真珠のことをかぎつけたのはまったく解せない」といい、「日本側の暗号の安全は大丈夫か」と不信を表明したむね、打電している。おりかえし、五月二十六日付の電報で、重光〔葵〕外相は、「あらゆる角度から検討したが、暗号が解読されているとは信じられない」と返信している。アメリカ側は、マジックの信頼性をマジックで確認していたわけで、こんにちからみると、喜劇というほかはない。

第二次大戦中、エニグマ暗号解読へ疑惑をいだいたのは、ドイツ海軍のデーニッツ提督のみであった。おそらく、第二次大戦中、ウルトラの演じた役割にかんする過大評価にたいして、やや懐疑的な見方をする論者でも、「バトル・オブ・ブリテン」とならんで、Uボートと連合軍護送船団との息詰まる攻防戦──「大西洋の戦い」での、ウルトラのはたした偉大な功績を否定するものはいないであろう。

ドイツのUボートによって、連合国側は、一九四一年一年間に一二九九隻（総トン数四二〇万トン）の船舶を撃沈されたが、やがてその被害は、四二年から四三年にかけて月平均八〇万トン撃沈と急上昇し、四三年には大西洋の戦いは文字どおり危機にひんした。その背後には、暗号解読の秘密戦のつばぜりあいがあった。四二年二月に、大西洋でのUボートは、約一年間使用していた暗号「ヒドラ」（Hydra）を全面的に廃棄し、「トリトン」（Triton）という新暗号をつかいはじめた。その一〇ヵ月後、十二月に、ブレチリー・パークは、「トリトン」を破ることに成功した。だが、四三年三月には、ドイツ海軍は、その使用していた「エニグマ」暗号機に、さらに、四番目のウィールをとりつけた。その解読は至難をきわめた。

それのみか、イギリス海軍省諜報部で、ウルトラをとりあつかっていた明敏なデニング中佐が、ドイツ側に暗号が解読されている事実に気づいた。四三年に乱数表を変更し、暗号システムを根底から編成がえした。さらにブレチリー・パークは、Uボートの新暗号の解読に成功し、ふたたび優位をとりもどした。戦後、カール・デーニッツ提督の日記をよむと、大西洋の戦いで、イギリス海軍の暗号が、やはり解読されていた事実があかるみにでた。デーニッツの卓抜した作戦と勇猛なドイツ潜水艦の戦闘能力（西独映画「Uボート」を想起されたし）で、あやうくドイツ側の勝利に帰す可能性がきわめて高かった。

この「大西洋の戦い」を最終的に連合国の勝利にみちびいたものは、「ウルトラ」と、「オペレーションズ・リサーチ」のみごとな連繫(れんけい)による頭脳の勝利であったといって過言ではない。

暗号解読のディレンマ

第二次大戦中、ドイツ軍の最高司令部が使用していた「エニグマ」(古代ギリシャ語で「謎」を意味する)といわれる暗号機械でコード化された電信通信文を解読した結果、えられた最高機密のことを、「ウルトラ」(太平洋戦争では、「マジック」)の語で総称している。このウルトラにかんする各種の文書をはじめ、真珠湾攻撃にいたるまでの時期の『マジックの背景』と題する国防総省編・全八巻の膨大な記録が公刊されている。それとともに現代の機密戦の内幕にかんする多くの研究、解説書が出版され、その一部を利用して、若干のフィクションをまじえた小説——たとえば、わが国読者にもなじみ深いケン・フォレットの『針の眼』(邦訳・早川書房)『レベッカへの鍵』や、ウィリアム・スティーヴンスンの『暗号名イントレピッド』など、多数のフィクション、ノンフィクションものが出版されている。

またブレチリー・パークの諜報部、その他の情報機関で第二次大戦中、関与したスタッフの記録や、内幕物があいついで公刊された。このウルトラの内幕が公開されるにつれて、第二次世界大戦史は完全に書きあらためる必要があるといった、過大評価が一部にうまれたことも事実である。たしかにこの分野についての私のとぼしい知識でも、これでは、「勝負にならない」というのが、いつわらざる実感である。

たとえていえば、一方側だけが透視可能なマジック・ミラーを衝立において、兵棋演習をやるようなものである。じじつ、イギリス軍最高指導部では、ウルトラにもとづいて、「影のドイツ国防軍最高司令部」（OKW）がつくられた。ドイツ軍指導者に近似した性格、思考様式をもつ参謀があつめられ、これを相手に、兵棋演習をくりかえし、ドイツ軍の、つぎの作戦行動を細部にいたるまで予測、それに対抗する作戦をねっていたといわれている。

ロンドン近郊のブレチリー・パークには、アルフレッド・D・ノックスの率いる暗号解読の専門家集団のみならず、数学者、言語学者、電子工学者、歴史家、チェスの達人、音楽家、クロスワード・パズル狂、エジプト学者など、風変りなアマチュアが多数、あつめられた。紫暗号を破った天才フリードマンは、世が世ならば、生物学・遺伝学の分野で、おなじ暗号でも、DNA（デオキシリボ核酸）の遺伝情報の解読に一生をささげノーベル賞をうけていたかもしれない。またウルトラ解読の最大の貢献者といわれるアラン・チューリングのような文字どおりの数学の天才がいた。チューリング・システムや、「万能（ユニバーサル）機械（マシーン）」の構想で、論理数学の専門分野で名高いチューリングは、キングズ・カレッジを出て、プリンストン高等研究所でアインシュタインのもとで研究した後、やがて有名な数学者フォン・ノイマンの助手として、コンピュータの基礎理論に大きな貢献をはたした。まるで幼児のような母親っ子で、万事にうわの空の変人が、「爆弾（ボム）」（別名「巨人（コロサス）」）とよばれる暗号解読専用の、世界初の、コンピュータをつくりだし、ドイツ側が解読絶対不可能と信じていた「エニグマ」暗号機と同型の機械をつくりだすのに成功した。

　むろん、フリードマンや、チューリングのような天才のみでなく、高度の知性をもつ七〇〇〇人におよぶスタッフがウルトラ暗号解読の仕事にとりくんだ。米国のフリードマンは極度の神経疲労で幾度も倒れ、チューリングも、戦後、一九五四年イギリス最初のコンピュータＭＡＤＡＭの実験中、青酸カリ服毒自殺している。それは、日露戦争当時の、児玉〔源太郎〕総参謀長や、連合艦隊の秋山〔真之〕参謀の運命をおもわせるものがある。これらの人びとは、祖国のため、自己の信じた大義のため、その脳髄をしぼりつくして倒れたのである。

　この暗号機エニグマ、それに加工、修正をくわえてつくられた複雑きわまる日本の暗号機「九六式欧文印字機」（パープル）の構造をここで説明する知識も、余裕もないが、想像を絶する複雑さである。ともかく、エニグマの例でいえば、一日のうち一時間ごとに変更される四段階にわかれたキーの入力手続きがマニュアルできめられている。そのうちだす無線通信文が毎日、幾千通とあつめられ、その混沌の山のなかに、ひとつの秩序、システムを発見していかなければならない。

その分析は、アインシュタインが大宇宙の謎にいどみ、一般相対性原理の発見にいたる過程とかわらぬ知的努力を必要とする。アインシュタインの一般相対性理論では、テンソル解析の記号を使った一〇個のエレガントな式が宇宙の重力場の構造をしめしているが、簡潔なテンソル記号を用いずに、それを展開すると、数百万個の方程式が要る。

全部書きだすと一冊の分厚い本にもなる数式の一項、一項のうち、½をひとつおとしても、3を2に誤記しても、その式は、一般共変原理の条件をみたさなくなり、全体系はくずれるといわれる。

だが、アインシュタインは、「神は難解だが、悪意はもっていない」とのべ、「神はサイコロをふりたまわず」という有名なことばをのこしている。ところが暗号は、第三者の盗み読みを防ぐため、ありとあらゆる人間の悪意、手管、さらにランダムネスを高めるための乱数表、何重にも複雑な機械によるソフィスティケーションが加味されている。操作（オペ）

要員（レーター）にたいする指示が正確に守られているかぎり、エニグマ暗号は論理的にみて破ることは絶対不可能なのである。ドイツから譲りうけた「エニグマ」機を日本的に加工、修正をくわえ、数学的論理プロセスとしてはエニグマとまったくことなった性格をもつ紫暗号のばあいも同じである。

この解読が可能となるのは、人間のおかす「ミス」のためである。全知全能の神は、「悪意」をもってはいないが、「ミス」はおかさない。しかし、暗号通信機を操作する人間は、人間であるがゆえに手を抜きミスをおかす。たとえば、あるドイツ軍の操作要員は、彼のガール・フレンドのイニシャルをキーに使用し、それを一度も変更せずに使用しつづけたという。日本の紫暗号が破られるひとつのキッカケは、日本側が不注意にも、発信地点をしめすのに、それ以前使用していた「赤」（レッド・コード）暗号（完全に解読ずみ）と同一のシグナルをしばしば使用したことにあるといわれる。このような些細な手抜き、操作ミス、重複が少しずつ集積され、それが糸口になって解読への突破口がひらかれていく。

慧眼（けいがん）のデーニッツ提督のような人物をのぞいて、ドイツ軍や日本軍がその使用する通信暗号を「解読絶対不可能」と信じこんでいたとしても、あながち非難はできない。しかし、フォン・クラウゼヴィッツが彼の『戦争論』において、「摩擦」（フリクション）の語で喝破しているように、人間の、とるにたらないミス、偶然、予測しがたい事態こそ、戦争につきものの、もっとも人間的な、したがってもっともうちかちがたい困難なのである。

ところが、暗号解読に成功しても、さらにもうひとつ厄介な問題がある。解読した情報（「ウルトラ」と「マジック」）をいつ、なんのために利用するか、ということである。われわれのように、知識とか情報とかにかかわる仕事をしている研究者にとって厄介な関心事のひとつは、その仕事の成果を発表するタイミングの問題である。とくに、ノーベル賞の対象になるような最先端の自然科学分野や、新技術の開発に従事している研究者にとって大きな心事である。あのDNAのワトソン＝クリック理論で有名な、ワトソンの自伝『二重螺旋（らせん）』によくでているように、ノーベル賞を意識し、ほかの競争者との先陣をあらそうさまは、すさまじいの一語につきる。

知識・情報は、その集積の時間とともに熟成する。しかし、果物やワインのように、食べごろ、飲みごろ、使いごろがある。メロンでも食べごろが大切である。知識や情報がすこしずつ熟成し、そのピーク時に成果を発表したいと、だれしもねがう。しかし、その完成を待つうちに、ほかの研究者に先を越されるかもしれない。

これとおなじことが、暗号解読や二重スパイの利用、新兵器の開発・使用など、外交や軍事戦略の領域でもいえる。いいかえれば、「サプライズ」（不意打ち）によってのみ発揮可能な「情報」の価値というものがある。その合理的な選択と使用のタイミングが大きな問題となる。

チャーチル英首相が、最大の秘密兵器として一都市の犠牲さえも辞せず保全した「ウルトラ」についても、いつ、どこで、なんのために、いかに利用するかのタイミングの問題が決定的に重大であった。これはかなり不確実な未来の予測にかかわる。将来、その保持する機密情報が最高の賭金に熟成するまで、じっと待つことは、いうはやすいがおこなうことは難い。宝のもちぐされになるかもしれない。あたかも、遺伝学上、重大な発見でも、そのもたらす倫理的、社会的影響力を考えて、その公開をためらう良心的な科学者の心理にも似ている。あるいは、もっと「すばらしい」理想の恋人の出現を待つうちに、老嬢になっていく女性のように、かなり大きな犠牲（機会費用）を支払わねばならない。

暗号でも二重スパイでも、無駄におわるかもしれないリスクに耐えて、決定的な日まで、じっと待たねばならない。目先の利益で、みだりに使用すれば、ウルトラも二重スパイ網も敵側に気づかれ、数年もしくは十数年の、文字どおり言語に絶する、陰の努力が水の泡となる。

最高の賭金が期待される絶好の機会がくるまで待忍することは、とくに民主国家ではきわめて困難となる。政治指導者は、長期の戦略的利得よりは、目先の短期的戦術的成果で、国民の人気をえようとあせりがちになる。

戦時指導者としてのチャーチルの偉大さは、この待忍能力にあった。彼は、ただひたすら、すべてに耐えて、D・デーに賭けた。このヨーロッパ大陸大反攻の日にそなえ、空前絶後の大がかりな対独・欺瞞作戦がすでに三年半の歳月をかけて、熟成の日を待っていた。

欺瞞作戦

一九四四年はじめ、ドイツ諜報部にはイギリス東南部に大軍の集結をしめす情報が集まりつつあった。偵察機が撮影してくるフィルムには、立ち並ぶ兵舎や飛行場のほか、ウォッシュ（イングランド東岸の北海に面した浅い入り江）に停泊するおびただしい艦船が映っていたし、ピンクの乗馬ズボンをはいて白いブルドッグを散歩させる、まごうべくもない米陸軍のパットン将軍の姿さえ認められた。

これは映画にもなった、ケン・フォレットの『針の眼』（前掲）の「はしがき」にでてくる一節である。この小説では、ＭＩ５（英軍情報部第五課）の追及をのがれた唯一人のドイツ人スパイ――ヒトラー直属の暗号名「ディ・ナーデル」（針）といわれ、スティレットの必殺武器を肌身離さずもつ練達のスパイが、イギリス東南部に、偽のパットン大軍団の集結をしめす大欺瞞作戦を、現地で見やぶり、その真相をヒトラーに通報すべく、Ｍ

I5の追撃を逃れて、北海の孤島で対決する。この「針」という名のスパイの存在、そして北海の孤島での愛と冒険の物語は、フォレットの創作であるが、それ以外の舞台設定は、ほとんど全部、歴史的事実である。偽のパットン大軍団集結も、ヒトラーのみがノルマンディーの危険性を見やぶっていたことも、MI5がことごとくドイツのスパイを逮捕し、二重スパイに仕立てていたことも、すべて事実である。

暗号名で「ネプチューン」(海の神)とよばれるノルマンディー上陸作戦の成否は、いつにかかって連合軍がドイツ国防軍・主力機甲部隊の虚をつき、奇襲上陸に成功するか否かにかかっていた。その目的のために、チャーチル首相直属の、私的秘密謀略機関――「ロンドン管制部」(LCS)が設けられた。

この秘密組織は、イギリスのMI6(軍情報部第六課。対外諜報を担当)部長のスチュアート・メンジース卿と、戦時謀略局(OSS)のヨーロッパ部長、デーヴィド・ブルース大佐を二本柱として、連合軍の全地下謀略機構が協力していた。

この秘密機関による対独謀略作戦は、暗号名ではじめ「プラン・ヤエル」(Plan Jael)とよばれていた。「ヤエル」というのは、旧約聖書の「デボラの歌」にでてくる悪女の名で、ながらく暗黒の世界でも、冷酷、狡猾、裏切り行為の代名詞であった。一九四三年十一月テヘラン会談で、チャーチル、ルーズベルト、スターリンの三巨頭が会談し、この秘密作戦「プラン・ヤエル」にかんする三国協力も論議された。その会談のおわりに、この計画の暗号名のもつ露骨な意味が暗号名として不適格という考慮からあらたに「プラン・ボディガード」にかえられた。この語の由来は、テヘランで数日前、チャーチルがいった名言に由来する。これは、こんにちでは、ひとつの古典的な警句とさえなっている。――「戦時では、真実の女神は、あまりに貴重なので、虚偽のボディガードで護衛する必要がある」。この「虚偽のボディガード」（Bodyguard of Lies）は、この対独欺瞞作戦の全貌を九四七ページの大冊にまとめた英国ジャーナリスト、アントニー・C・ブラウンの著作題名（一九七五年）にもなっている。

この「ヤエル計画」（ボディガード計画）は、主として四つの活動領域にわけられていた。第一領域は、これまでの一般的な諜報活動チャネルを通じての、諜報活動である。これは、ナチ占領下のヨーロッパ、その衛星国、中立国での在来型の対独スパイ網、郵便物の検閲、戦時俘虜の尋問、などによる情報収集である。だが、このインテリジェンス活動には二つの秘密兵器があった。ひとつは、前述の「ウルトラ」と、ほかは、「黒いオーケストラ」（Schwartze Kapelle）の暗号名で知られるドイツ国防軍内部の反ナチ組織である。これはドイツ秘密諜報部のウィルヘルム・カナリス提督を中心とするドイツ将校団の小集団であり、「ロンドン管制部」（LCS）と緊密な連繋のもとで、ヒトラーおよび第三帝国の内部転覆をねらう共同謀議をひそかに練っていた。

第二領域が、MI5とOSSの防諜活動とともに、二重スパイ網の完成である。このドイツのスパイを二重スパイに仕立てる「ダブル・クロス委員会」(XX委員会)は、ジョン・マスターマン卿を長として、おそらく、ウルトラとならんで、この対独欺瞞作戦の中枢をかたちづくることになる。

ほとんど信じがたいことだが、一九四一年までに、MI5は、英本土に侵入した四〇名におよぶナチ・ドイツのスパイ全員をことごとく検挙し、イギリス本土内のドイツ諜報組織のいくつかを制圧した。その組織網を介して、全組織の大半を、対独二重スパイ網に変質させる離れわざに成功した。だが、イギリスは、英本土のドイツ諜報組織網の完璧な掌握に、確信がもてるまで細心の注意をおこたらなかった。

イギリス人の、畏怖すべきところは、この二重スパイ網に、従来と同じように真実の機密情報を流しつづけさせたことである。むろん、重要度の低い情報ではあったが、それによってかなり味方の犠牲がでたものと推定される。だが、そのため、ドイツ軍諜報部は、英本土スパイ網がいまなお健在とかたく信じて疑わなかった。

その戦略的賭金が最高額に達する日(D・デー)の直前に大ウソを流す目的で、その二重スパイ網の使用を禁欲し、ひたすら待った。このおそるべき待忍能力にこそ、ジョン・

ブル魂の真骨頂を見るおもいがする。

第三領域の活動が、いわば殺しのライセンス007の活躍舞台である。事実、ジェームズ・ボンドの生みの親イアン・フレミング海軍少佐は、海軍諜報部長ジョン・ゴッフリー提督の私設補佐官として、一九四二年二月、「ウルトラ」と「マジック」の英米協力のためワシントンを訪れるなど活動している（後年、インド、東南アジア地区担当の諜報活動に従事する）。この暗殺、テロをふくむ秘密活動には、特殊作戦執行部（SOE）、OSS内部の「特殊作戦部」（SO）などが参加。主たる任務は、フランス占領地区のレジスタンス組織の再編成、武器、資金の提供、対独サボタージュ活動の組織化、などであった。とくに、「ネプチューン」作戦時におけるドイツ通信交通網の攪乱、遮断、妨害工作に重点がおかれ、フランス抵抗組織のもつ忠誠心と信頼感のうえにきずかれた活動であったため、ゲシュタポの監視下で、それは、薄氷をふむ細心の注意を必要とした。こんにち知られている幾多の英雄的なレジスタンス物語は、この活動領域で生まれた。

第四の領域は、政治戦争である。「イギリス政治戦執行部」（PWE）の主たる管轄で、ドイツ人の利己心に訴え、反ナチ感情、厭戦気分と敗北主義を助長し、ナチ指導部とドイツ国民との離間を画策すること、およびドイツ国民の士気低下を主たる目的としていた。

この作戦は、いうまでもなく、前述の「黒いオーケストラ」による内部崩壊工作とあい呼応し、この対独秘密戦でも、もっとも重視されたものである。しかし、この政治戦にとって最大の障害は、ルーズベルトの固執する「無条件降伏」要求であった。このアメリカ的な、きわめて非政治的な、無条件降伏要求が、ドイツ国民および、国防軍と、ナチ一派との離間を困難ならしめ、最後までドイツ国民とヒトラーとの運命共同体意識をつよめるのに役立った。

この四領域にわたる「ヤエル計画」は、たがいに有機的連繋をたもちつつ、D・デーをまえに空前の大欺瞞作戦の展開に焦点をあわせていた。つまりそれは、ヒトラーおよびドイツ軍参謀本部をして、連合軍の大陸進攻が三面作戦でおこなわれることを信じこませることを目的としていた。すなわち、第一がノルマンディーへの牽制攻撃、第二がドーヴァ海峡をわたって、パ・ド・カレーへの主力上陸進攻、第三がスコットランドから北海をへてノルウェイへの側面攻撃である。この欺瞞作戦は、暗号名で「フォーティチュード」とよばれ、その中核が、ケン・フォレットの『針の眼』にでてくる偽のパットン軍団の東南部集結をしめす一大トリックであった。

一九四四年五月中に、一方で、モントゴメリーの第二一軍団は、ひそかにグラスゴー、ファルマウス、ブリトンを結ぶ三角地域に集結しつつあった。それと同時にドーヴァ、ケンブリッジ、キングズ・リンを結ぶ三角地帯（FUSAG地帯）に、架空のパットン軍団が集結しはじめた。入り江、港湾、河口に、上陸用舟艇四〇〇隻がならべられた。すべて木材、キャンバス、紙、ドラムカンなどで作られたハリボテの飛行場、兵舎、戦闘機、兵器、さまざまな軍需物資の集積庫がぞくぞくと建設された。その一種のセットの多くは、ロンドン近郊のシェパートンの映画スタジオで製作された。

さらにイースト・アングリアとケントの原野に、ニセの戦車、重砲、トラック、弾薬庫、野戦調理場、兵舎、トイレなどが建設され、軍団集結のざわめき、車輛の騒音、煙、料理の匂いまで、すべて偽音、偽装であった。そのうえ、ドーヴァ海峡沿岸に約三平方マイルにおよぶ石油タンク、ドック、石油パイプ・ライン建設の足場が建設された。その設計主任として、ロイヤル・アカデミーの、世界的に有名な建築家バージル・スペンス教授が任命され、その大セット建設には映画、劇場の舞台装置、セット専門家が大量に動員された。

飛来するドイツ偵察機は、英空軍戦闘機によって、高度三万三〇〇〇フィートの上空まで追いあげられ、それより低空への下降、写真撮影を封じられた。地上には人工スモッグがはられ、そのあい間にのぞく地上の光景がまったくのニセ物であることは、当時のカメラ技術では判定不可能であった。

ウルトラは、その真価をフルに発揮した。この欺瞞作戦が効を奏し、半信半疑であったヒトラーはじめドイツ軍首脳も、ノルマンディーではなく、パ・ド・カレー主力上陸説にかたむきつつあることを確認していた。

だが、さすがヒトラーだけは、彼の勘で、ノルマンディー上陸の危険性をかぎつけていた。だが、すでに信頼しきっている英国本土のスパイ網からのおびただしい情報と、偵察機の写真その他で、ドイツ軍首脳は、しだいにパ・ド・カレー進攻を確信するようになっていく。連合軍にとって、このウルトラのみでなく、ベルリンの大島大使発通信も、有力な情報源になっていた。

とくに一九四三年十二月十日付の大島通信（分量九ページの文書）は「大西洋防壁」にかんする視察報告があった。ベルリンの日本大使館付武官による報告は、その師団数、防御要塞陣地の細部、重砲、対戦車砲、機関銃座の位置、性能、予備部隊の配備など、直接の視察にもとづく専門的な軍事情報をふくんでいた。この傍受がきわめて貴重な情報源のひとつになっていたことは、すでに本章冒頭でふれたデューイあてのマーシャル書簡でも示唆されていたとおりである。

階級と情報活動

かつてチャーチルは、「殺すより盗むがよく、盗むより、騙（だま）すがよい」といったことがある。十七世紀の海上覇権確立から数えて、三〇〇年におよぶ大英帝国の支配は、イギリス人の「策略」(stratagem)好みと、政治的リアリズムにたった「間接戦略」重視の伝統をはぐくんできた。とくにチャーチルは、一九一五年、第一次大戦中、「ヨーロッパの柔かい下腹」をつく奇策としてガリポリ作戦をくわだて、それについていけない保守的な連合軍司令部の妨害で大失敗におわった貴重な個人的体験をもっている。だが、その苦い経験を生かし、欺瞞と謀略のあらゆる「特殊手段」を駆使して、悪の天才ヒトラーとロンメルの率いるドイツ機甲部隊の裏をかき、その奇襲に成功した。そして、戦後一五年たってはじめて、チャーチル直属の秘密機関――「ロンドン管制部」(LCS)の存在があかるみに出た。

われわれの常識では、イギリス紳士といえば、「正直こそ最善の政策であり、ながい目でみれば、真実が勝つ」というモットーを連想する。これがイギリスの外交・戦略の伝統のようにおもわれている。たしかに、「信用」第一の商人外交の性格をしめす一面の真実であるが、かつてナポレオンがイギリスの狡猾な外交を皮肉って、「不信の英国(ペルフィデ・アルビオン)」とよんだ抜けめのない外交駆け引き、謀略好み、コマンド攻撃や機密戦偏愛も、アメリカ人にくらべて、いちじるしいイギリス支配階級の特徴であるといっていい。

海上戦略の優位を基盤として、本質的に通商的戦略技術――海上封鎖、海賊的行為、海上からのコマンド攻撃、砲艦外交などを重視する、いわゆる「イギリス的戦争方法」は、そうした間接的方法にもっぱら依存し、大陸部への軍事力の大量介入をさけることに主眼がおかれてきた。内陸部での勢力均衡の保持、人的資源の犠牲の回避は、とうぜんイギリス伝来の全世界にはりめぐらされた濃密な情報網にたよってきた。

これにたいして、合衆国は、「外交政策をもつ以前に、プレスをもった」（ジェームズ・レストン）といわれるように、なんでもあけっぴろげの好きな、およそ謀略にむかない国民である。一九二九年、ヘンリー・L・スチムソン国務長官が、「紳士はみだりに他人の親書を開封すべきではない」といって、暗号解読の「ブラック・チェンバー」への国務省支持を撤回したほど強いモラリズムの伝統をもっている。

イギリスは、ジョン・ロックの古典的議会民主制いらい、外交は少数支配階級の特権であって、民主的統制のおよばない、ひとつの例外とみなされてきた。外交戦略面で、スパイやインテリジェンス活動は、イギリス紳士の〝趣味〟といってもいい。サマセット・モームから、グレアム・グリーンにいたる作家、ヒュー・トレバー＝ローパー教授のような著名な歴史家など、諜報機関に勤務したことのある知識人は数多い。右の対独欺瞞作戦本部の「ロンドン管制部」（ＬＣＳ）の水ももらさぬ機密保持、相互信頼、アマチュアリズム特有の奇抜なアイディア、危機につよいユーモア感覚、冒険心と忍耐づよさなど、いずれもイギリス特有の「階級」構造をぬきにしては考えられない。チャーチル自身をはじめ、ロンドン管制部長であったベヴァン大佐は、名門中の名門の貴族出身であったし、この秘密組織は、網の目のような階級の連帯感によって支えられていた。また、アメリカの報道機関と好対照をなして、「ザ・タイムズ」はじめイギリスの大新聞は、イギリス支配階級の有機的全体の一環であった。党の指導者、高級官僚、ジャーナリストがおなじ階級、おなじパブリック・スクール、おなじクラブに出入りする仲間同士であり、「ザ・タイムズ」は、あたかも英国エスタブリシュメントの社内報のようなものであった。いいかえれば、英国の言論界は自由であると同時に、政府と緊密な親和感の交流があった。

イギリスは、移民からなる公開社会アメリカのような、「秘密を守る苦しみ」（エドワード・シルズ）から比較的解放され、機密情報戦に適した風土にめぐまれていたといえよう。だが、その反面、イギリス貴族階級は、戦後の冷戦において、グレアム・グリーンの小説『ヒューマン・ファクター』のモデルといわれるハロルド・キム・フィルビーのような大物スパイを生む土壌をもつちかった。とくに二〇年代、三〇年代のケンブリッジ、オックスフォード大学はマルクス主義の温床となり、共産党員およびその著名人シンパの三分の二近くは、両大学出身者であった。その閉鎖的な貴族階級の人脈が仇(あだ)となり、ガイ・バージェス、ドナルド・マックリーン、キム・フィルビーを生む「裏切りの風土」（アンドルー・ボイル）をつちかってきた。さらに七九年十一月、サッチャー英首相が議会答弁で、世界的に有名なイギリス王室美術館主人兼顧問の、アントニー・F・ブラント卿が、「第二次大戦中、ソ連のスパイとして活動のうえ、戦後二回にわたり、イギリス外交官三人（右の三名）のソ連亡命への手引きをした」ことを公表したことは記憶にあたらしい。

この「階級」という視点から、政治指導という問題を考えるとき、わが国の日露戦争当時、明治政府のもっていた戦時指導部の卓越性、適材適所の人材登用、ひろい国際的視野と現実政治感覚、外交とインテリジェンス重視のことがおもいおこされる。あのみごとな政治指導も、おそらく明治政府が、薩長閥という一種の「階級」の同質性のうえにきずかれた藩閥政権であったという事実を抜きにしては考えられないであろう。

よく引かれる例であるが、日露戦争直前、山本権兵衛が海軍大臣であったとき、頭脳明敏、才気あふれる日高壮之丞提督をとつぜん罷免（ひめん）して、東郷平八郎を連合艦隊司令長官に代えた。山本海軍大臣の構想では、この人事によって、いわばグランド・ストラテジーの次元で、海軍大臣と連合艦隊司令長官とのあいだの意思疎通をはかり、他方で、秋山真之といった、抜群の頭脳を参謀につけ、日本海海戦のまえには加藤友三郎という山本権兵衛と個人的に親しい大物を参謀長に配すことが可能となった。これで政治、軍事双方の戦略面での有機的統一がみごとに達成された。

これは山本権兵衛を中心とした海軍の薩摩閥という「階級」が生きていて、たがいに気心が知れ、その能力、性格まで知りつくしていた仲間内だからこそできたことである。後年のような年功序列や学歴中心の人事システムを無視して、能力と人物中心の人事が可能となった。太平洋戦争当時の軍指導者と、日露戦争当時の軍指導者と比較してみるといい。これでもおなじ日本人かとおもわずにはおれないであろう。日露戦争当時は、たんなる軍事的リアリズムではない、政治的リアリズムが生きていた。

多くの近代国家とともに、わが国も、不可避的に、普通平等選挙制、大衆義務教育、大衆報道機関の発展にともなって、外交の政策決定過程にも、エリート選抜システムにも、大衆化、官僚化、学歴化の波がおしよせ、政治的リアリズムを培養する指導階級の基盤が腐蝕されていった。

しばしば、わが国では「アングロサクソン」の語で一括され、とかく米英両国の同質性のみが強調される。そして、その国民性、歴史的背景、社会構造のきわだった相違点が見のがされがちであるが、外交戦略面でも、イギリス型の政治的リアリズムと、アメリカ型の軍事的リアリズムとは、きわだった対照をなしている。第二次大戦中も、その作戦遂行上、長期の戦略的展望にたった政治的、心理的要因を重視するイギリス側と、短期の戦術的な軍事的要因と軍事ハードウェア重視にかたよるアメリカ側と、しばしば意見が衝突した。第二戦線形成の問題、前述の無条件降伏要求、広島・長崎への原爆投下をふくむ大都市無差別爆撃などに、アメリカ的戦略思想が集中的にしめされている。それは一種の工的戦争観ともいうべきものである。

インテリジェンスの面でも、現在のCIA、そして、その前身であるOSS（戦時謀略局）をはじめ、米国の諜報活動が、大型コンピュータとか、偵察衛星とか、007を地でいくような、テクノロジー偏重と大仕掛け好みにもかかわらず、その過度の官僚機構化とイデオロギー的偏向、政治的予断のため、どこか間のぬけた、御愛嬌ぶりを発揮してきた。そこでの真の政治的リアリズムの欠如は、現在のレーガン政権の非政治的な、イデオロギー偏向の外交戦略によくあらわれている。

昨年（一九八三年）末、米国防総省は、二四一人の死者をだした十月二十三日のベイルート駐留米海兵隊司令部爆破事件の原因を究明するため設置された同省調査委員会（委員長・ロング前太平洋司令官）の報告書を公表した。このペンタゴン報告書でさえ、ベイルート駐留の米海兵隊の任務について、レーガン政権が軍事的手段のみを重視し、その拡大をはかるだけで、政治的、外交的解決をおこたっていると、てきびしく批判している。

わが国で、とかく戦略的思考とかリアリズムというばあい、軍事や技術面のみを重視する傾向があるが、真の政治的リアリズムは、第二次大戦時におけるチャーチルのように、長期の戦略的展望にたち、確度の高い情報にもとづいて、外交、政治、心理、経済、文化の各領域を有機的にむすびつけてものごとを考える綜合戦略にその真骨頂がある。それを可能にした社会的基盤が、「階級」にあったとすれば、それをまったく欠くこんにちのわが国において、政治的リアリズムを培養し、真の戦略的思考をもつ指導集団をつくるにはいかにすべきか。日本の外交や防衛問題で、緊急に要請されているのは、この問題にほかならない。それは、米国にならって、国家安全保障会議（ＮＳＣ）のまがいものをつくったり、外務省の調査企画部を情報調査局に拡充し、その下に安全保障政策室を新設することなどとは次元を異にする問題なのである。

Ⅳ　戦争と革命——レーニンとヒトラー

二十世紀は戦争と革命の時代といわれる。クラウゼヴィッツの戦争論をひっくりかえし、「革命の参謀本部」としてのボルシェヴィキ党の組織と戦略をつくったレーニズムこそ、二十世紀を野蛮の時代にかえた根源である。おなじ全体主義の名でよばれながら、ナチズムと共産主義とは、内政と外交において根本的にちがっているのだ。

ヒトラーの謎

一九四二年十一月も半ば過ぎたころ、ヒトラーは、あいつぐ敗報からのがれるように、東プロシアの総司令部から離れ、オベルザルツブルクにきていた。スターリングラードの赤軍包囲網はせばまり、連合軍のドイツ本土空襲は熾烈さを加え、北阿戦線でもロンメルの敗色は日ましに濃くなっていた。

突然のヒトラー総統からの電話で、側近の軍需相アルベルト・シュペーアはよびだされ、雲のひくくたれこめるベルヒテスガーデンの山荘におもむいた。「まだ昼だというのに、うす暗い、陰鬱な日であった。ヒトラーは、よれよれの灰色の野戦用ジャンパーを着て、階段をおりてきた。総統の従兵がすり切れたベロア帽子（縁に毛皮のついた帽子）と細身の指揮棒を手わたした。かすかに共感をもとめる表情をうかべて、総統は私にはなしかけた」と、シュペーアは、彼の『シュパンダウ獄中秘密日記』（一九七五年英語版、一九五二年十一月九日付の箇所）のなかで、忘れることのできない一日を回想している。

——「よく来てくれた。少々内密にはなしあいたいことがある」とヒトラーはシュペーアに告げ、かたわらにいたボルマンに命じてほかのものを遠ざける。やがて総統とシュペーアは階段をおり、小道を黙々とあるく。左右にひくい雪の壁ができている。雲は風にふきはらわれ、すでに陽は傾いたが、山腹に長い影を落していた。ヒトラーの愛犬のアルザス犬（ドイツ・シェパードの一種）のほえる声が雪山のかなたにこだまする。

数分のあいだ二人は黙って歩みをすすめる。「どれほど予が東方を憎んでいることか。この雪だけでも気がめいる。冬、この山にくることさえ、おっくうだ。もう雪を見るのもうんざりだ」と、突然、ヒトラーは、内にこもった思いのたけをたたきつけるかのようにシュペーアにかたりはじめる。シュペーアはかえすことばもなく、ヒトラーとならんであゆむ。総統は、東方、冬、戦争について、彼の憎悪、怨念をたたきつける。自分をむりに戦争においやった運命を呪い、やがて歩みをとめて、指揮棒を雪上につきさし、シュペーアにむかってつぎのようにいう。

「シュペーア、君は予の建築顧問だ。予がどれほど建築家になりたかったかよく知っているはずだ。……しかし、世界戦争（第一次大戦のこと）と犯罪的な十一月革命がなにもかも駄目にしてしまった。……あれさえなければ、いまの君のようにドイツ第一級の建築家になれたのに。あのユダヤ人どもめが。……」と呪いのことばをはいて、シュペーアをおどろかせる。ヒトラーはしだいに昂奮して、「予が政治の世界に入った動機こそ、第一次世界大戦のときの、内側からのユダヤ人の裏切りであった」といい、政治と戦争にあけくれて、人生の大半を犠牲にしてしまったことへの悔恨をこめて、自らの半生を語る。やがて、総統は、フリードリヒ大王の史実におもいをはせ、「予はもはや戦勝で歴史をつくるつもりは毛頭ない」と断言し、東方の蛮族侵略の廃墟から、ウィーンの壮麗なバロック建造物が遺ったように、「君と二人でこれから設計する建造物」が、「ボルシェヴィキへの勝利の記念碑」として後世に遺るだろう、と、そのことのみに夢を托しているのである。

このベルヒテスガーデン山荘の二人の出合いは、故三島由紀夫氏が生きていて、この日記のくだりを読んだら、おそらくみごとな一幕ものの戯曲に仕上げたであろうと想像されるほど劇的である。総統は、すくなくとも、すでにこのとき、この戦争の将来にみきりをつけていた、とシュペーアは断言している。

総統にもっとも身近にいたナチ指導層にとっても、ヒトラーは謎であった。外相のリッベントロップは、「彼がどんな男だったかと訊ねられると、私は彼をほんの少ししか知らない。事実ほとんどなにも知らなかったと告白せざるをえない」と書いている（一九四五年、ニュールンベルクの獄舎での手記）。

シュペーアは、総統の側近中でも、もっとも近代的な知性をもつ典型的なテクノクラートであったが、二〇年におよぶ長い獄中生活で、執拗にからみつくヒトラーへの妄執をたちきるため、ヒトラーの人格の謎にいどみ、ヒトラーの影にすぎなかった自己の存在を解放しようと必死の努力をこころみている。そして、矛盾だらけで、多面的なヒトラーの人格のコアにあるものが、建築家志望という美神への願望を挫折させた悪しきもののいっさいの象徴としての「東方」――「ユダヤ人」にたいする病的な憎悪と復讐心であったことを、あますところなく解きあかしている。

この『シュパンダウ日記』の末尾で、シュペーアは、「自分の仕えた主人は、国民大衆の善意ある護民官でもなければ、ドイツ民族の栄光の建設者でもなければ、広大なヨーロッパ帝国を支配しようとして果たせなかった征服者でもなかった。ただ、そこに見いだされるのは、病的なまでに憎悪の執念にこりかたまった一人の異常人物であった。ヒトラーを愛した人びと、国民大衆がつねに語っていたドイツ民族の偉大さ、呪文でよびおこした、ヴィジョンとしての第三帝国——これらのすべては、究極においてヒトラーにとってなんの意味もなかった」と結論づけている。

たしかに、ヒトラーは一九四〇年と四一年に致命的ともいうべき、さまざまな失敗をおかして、ほとんど完璧な勝利だったものを、まるでわざわざ、避けがたい敗北に変えてしまったかのようにみえる。

十一月二十七日、ドイツのモスクワ進撃が挫折したとはいえ、ロシア軍の反攻がまだ始まっていない時期にヒトラーは、デンマークの外相スカヴェニスウとクロアチア外相のロルコヴィッチにたいして、奇妙なことをいっている。「ドイツ国民がいつかもう強くもなく、自らの生存のために血を流すほど献身的でもなくなれば、滅びて他のもっと強い国に抹殺されるがよい。……私はそのときドイツ国民に一滴の涙も流さないだろう」（セバスチャン・ハフナー『ヒトラーとは何か』赤羽龍夫訳、一九七九年、草思社）。なんとも不気味なおそろしい自己破滅の呪いのことばをはいている。

たしかなことは、戦略的には、もともとヒトラーは、第二次大戦で、総力戦による長期の世界戦争をたたかいぬく決意も準備もなかったこと、そして、チャーチルのひきいるイギリス国民のしぶとい抵抗と、ロシア軍の予期せぬ頑強な底力に直面して、電撃戦（ブリッツ・クリーク）の名でよばれる短期決戦によるヨーロッパ征服が不可能であることをすばやく見てとったとき、ヒトラーの人格の内部で、なにかがくずれ、変わったということである。

対米宣戦布告の謎

第二次世界大戦には、いまだ解けない多くの謎があるが、なかでももっとも不可解な謎は、なぜヒトラーが、わざわざすすんで、日本海軍の真珠湾攻撃直後、アメリカにたいして宣戦布告にふみきったのか、ということである。このヒトラーの決定は、まったく個人的な孤独な決断であった。彼はこの対米宣戦布告のため召集された国会で明らかにするまで、だれにも一言も話さなかった。対ソ戦に没頭していた総統は、その大半の時間をともにしていた側近の参謀にも将軍にも、外相にさえ相談しなかった。

このヒトラーの対米宣戦布告がなぜ、それほど不可解な行動なのか、いぶかしがる読者も多いとおもう。

まず第一に、前述のように、対ソ戦の短期解決が不可能になったことがだれの眼にもあきらかになった時期に、なぜヒトラーともあろう人物がわざわざ自らすすんで巨大な潜在工業力をもつアメリカに宣戦を布告するような愚かなことをやったのか、ということである。この対米宣戦は、一九四一年十二月十一日におこなわれたが、その五日まえのドイツ国防軍作戦指導部の戦争日記（十二月六日付）をみても、「一九四一年から四二年にかけての冬の破局が始まるとともに、総統には、これを絶頂として、これ以後もはや勝利は……得られないことがあきらかになった」と記されている。

イギリスとロシアという強敵に加えて、強大な工業国アメリカの参戦を自らまねくことが、どれほどの狂気じみた愚行か、ヒトラーにわからなかったはずはない。だからこそ、フレデリック・シューマンのような政治学者は、こうした独裁者の行動に、合理的になっとくのいく説明が不可能であると諦め、精神病理学的問題とあっさりかたづけたのである。

第二の謎は、あれほどまでにルーズベルトの挑発にのらず、一年以上も日本をそそのかしてアメリカを威嚇する姿勢をとらせることで、いまだ参戦の準備のととのわぬアメリカに二正面の威圧をくわえてヨーロッパ参戦を牽制していたドイツが、なぜ、わざわざ、チャーチルやルーズベルトの思うつぼにはまるような挙にでたのであろうか。

むろん、一九四〇年九月の日独伊三国条約は純然たる防衛同盟であって、国際法上、ドイツが対米参戦しなければならない義務はまったくない。日本も、ドイツの宿敵・ソ連と中立条約をむすび、独ソ開戦後も、一時、いわゆる「関特演」の予備兵力動員で対ソ牽制にでたとはいえソ連との中立条約を忠実にまもった。それどころか、日本が南方作戦に転じることで不用となった最強のシベリア部隊がモスクワ進撃をくいとめ、反撃にでた戦略予備軍の中核となったことを考えれば、ドイツは日本にたいする道義上、戦略上、なんら義理だてする必要はなかった。

まして、ヒトラーの『わが闘争』（原文）を一読すればわかるように、劣等黄色人種・日本人にたいする蔑視と偏見はひどいものであった。ちなみに、後ほど、シンガポールの陥落の報をきいたとき、ヒトラーは彼の側近に「できれば、ドイツ地上軍の二十個師団をさいても、チャーチルの大英帝国を支援して、あの黄色い遊牧軍団の進撃をくいとめてやりたい」と、本気でもらしたほど、黄禍論の信奉者であった。

ヒトラーが、スターリンのことを、「歴史の奈落の底からよみがえった成吉思汗（ジンギスカン）」とよんでいたことからも、彼の「東方」への憎悪が、その根源において、黄禍の恐怖とわかちがたく内面で結びついていたのがわかるであろう。

はなしがやや脱線したが、ヒトラーの対米宣戦が、同盟国日本への義理だてなどという説明が噴飯ものだということはおわかりいただけたとおもう。ふたたび、主題からはずれるが、この一点からいっても、ルーズベルトの真珠湾陰謀説はなりたたない。なぜかというと、修正主義学派の説く主眼点は、ルーズベルトの目的が、ヨーロッパ参戦へのきっかけをつかむため、日本を挑発して真珠湾へ第一発をうたせた、ということにあるからである。つまり、ルーズベルトは、国内の根づよい孤立主義者の反対をおしきって参戦の機会をつかむため、武器貸与法を通過させ、中立をおかしてもイギリスを支援し、大西洋で公然と対独挑発行為をくりかえしていた。にもかかわらず、ヒトラーは第一次大戦の教訓に学び、慎重に自制してルーズベルトの挑発にのらなかった。業をにやしたルーズベルトが、いわば枢軸陣営の〝鉄砲玉〟ともいうべき日本軍国主義者をそそのかし、真珠湾のわなをしかけることで、ヨーロッパ参戦への機会をつかんだ——という点にあるからである。

このルーズベルト陰謀説がなりたつためには、ヒトラーがルーズベルトの「完全犯罪」の筋書きどおりに行動してくれるピエロか、デクの坊であることが、事前に、予想されていなければならない。あの邪悪なスターリンをすら、だました狡知のヒトラーが、ルーズベルトのしかけた〝わな〟にまんまとおちるほど、愚かものであるという想定にたたないとなりたたない説なのである。

戦略的合理性の観点にたつかぎり、だれが考えても、ヒトラーは、日本の真珠湾奇襲を奇貨として、日本とアングロサクソンをたたかわせ、日本と米英両海上パワーの死闘を傍観していればよかったはずである。ルーズベルトにしても、パール・ハーバーで、アメリカ国民を対日戦争に動員できても、直接アメリカを攻撃したわけでもないドイツにたいして、米国民を動員することは、容易でなかったはずである。ヒトラーの予期せぬ宣戦布告でルーズベルトの労がどれほどはぶかれたかはかりしれない。有名な社会学者D・リースマンも、「なぜヒトラーは自分から宣戦を布告し、わざわざフランクリン・ルーズベルトの思うツボにはまったのか。対米宣戦などせずに、日本の攻撃には何ら関与せず、何の同情も示さず、まったく関係はないと述べていれば、ルーズベルトが太平洋およびヨーロッパの双方に参戦することははるかに困難だったはずではないか」（前掲『二十世紀と私』）と、その疑問を表明している。

この謎にいどみ、きわめて魅力的な解釈を提示したのは、ジャーナリスト（オブザーバー・ドイツ特派員）のセバスチャン・ハフナーの『ヒトラーとは何か』（前掲）であろう。ハフナーによれば、ヒトラーの対米宣戦布告は、日本海軍の真珠湾攻撃によって触発された決断ではなく、『わが闘争』いらいの宿敵・ボルシェヴィズムとの死闘で、勝利がもはや得られないことが明らかになった以上、この世界大戦での究極の勝利はありえない、というヒトラー一流の「氷のように冷たく」、電光石火にくだされた情勢判断にもとづくものであった、というのである。

ユーラシア内陸部での覇者として、歴史に残るチャンスが永遠に潰えさった今となっては、ヨーロッパ占領地域におけるユダヤ人の根絶という第二の政治目的に彼の負の情熱をむけることのみがヒトラーの最後の目的となったという解釈である。確実なことは、ヒトラーがアメリカにたいして宣戦布告をすることで、いわば勝利へのいっさいの望みを断ちきり、自ら退路を断つことで、ドイツ国民の敗北を決定的なものとした、ということである。たしかにその後のヒトラーの行動をみてみると、もはや戦勝にも、有利な暫定協定の機会にも、なんら関心をみせず、ただ「時間を稼ぐため」の遠大なひきのばし作戦をやっていたような印象をうける。

その目的は、戦争状態のひきのばしによって、第二の政治目的たるユダヤ人、スラブ人など、ウンターメンシュ（劣等人種）の大量殺戮のための環境づくりであり、そのために戦争継続を口実として利用していたにすぎない。

このハフナーの恐るべきヒトラー解釈は、本章冒頭で私が引用したアルベルト・シュペーアの『シュパンダウ獄中秘密日記』の一節と照合するとき、まぎれもなく真実であったようにおもわれる。ヒトラーの人格と行動をとく鍵は、かれが崇拝し、敬愛するものを憎む、という極端な愛憎両面性（アンビバレンス）をもっていたことである。シュペーアも認めているが、ヒトラーは一方でロシア兵の劣等性を軽蔑し、レニングラード包囲戦での文字どおりの飢餓による野蛮な共食い（カニバリズム）をさげすんだかとおもうと、ロシア兵の頑強な抵抗と辛抱づよさをドイツ兵に比較して称賛する。ユダヤ人、ボルシェヴィズム一般についても、はげしい憎悪が他方での称賛と表裏一体をなしていた。

なかでもヒトラーの、大英帝国にたいする愛憎両面性(アンビバレンス)は有名である。ヒトラーは一九四〇年に英仏海峡沿岸でドイツ機甲部隊の前進停止命令をだして、わざとイギリス軍の本土撤収を見のがすような挙にでた。これが、いわゆる「ダンケルクの奇蹟」とよばれる、ヒトラーの運命的決定である。この謎についてはさまざまな解釈が提出されているが、当時、ドイツ国防軍の将官たちに、ひそかにささやかれていたのは、ヒトラーの「大英帝国にたいする特異な片想いの感情」であった。ルントシュテット将軍の作戦企画部長であったブルーメントリット将軍の証言によると、この当時ヒトラーは西部戦線での勝利に有頂天で、戦争は六週間でおわる、あとはフランスと無理のない和を講じ、イギリスとの暫定協定にこぎつけ西側連合諸国と停戦するため、イギリスにも、選択の余地を残しておく必要があることを強調している。つづいてヒトラーは、大英帝国をカトリック教会に比較して文明と人類にのこした偉大な功績を讃美し、「海洋国家」たる大英帝国と「大陸国家」たるドイツとはたがいに共存しあえるし、相互の利益を承認しあえることを力説した。つまり、ヒトラーの構想する未来の世界秩序では、全世界の植民地支配のため、大英帝国の存在は重要な地位と役割をあたえられていた。イギリスとの暫定協定のあと、必要とあれば、イギリスにドイツの地上軍を貸与しても大英帝国を支援したいと、大まじめにのべた（前述の、シンガポール陥落時のエピソードも、このヒトラーの世界秩序構想からくる)。

以上の背景から考えると、ダンケルクでの英派遣軍の潰滅がイギリスの名誉を傷つけ、妥協と暫定協定を不可能ならしめる死闘においこむことをヒトラーはおそれていたことを物語っているようである。有名なヘス副総統の奇矯な行動もその文脈で理解できるだろう。現代の第二次大戦史の研究者間で、ほぼ一致していることは、ヒトラーがボルシェヴィズム打倒と、東方支配の野望を達成するため、英仏連合軍との早期和平を欲していたということである。そのため英独間に、和平についての秘密交渉が一九三九年十月につづけられていた。この秘密交渉にかんするチャーチルのファイルは、公式に二十一世紀まで封印されているという奇怪な事実(この点については、D・アーヴィング『ヒトラーの戦争』赤羽龍夫訳、早川書房)を考えるとき、例の「イフ」の問いかけがあたまをもたげざるをえない。

結果論かもしれないが、チャーチルのひきいるイギリス国民がヒトラー憎しのあまり、総力戦で自らの資産を使いはたし、大英帝国を失ったばかりでなく、東欧をソ連の支配にゆだね、こんにちの米ソ対立の冷戦をまねいた。一歩あやまれば全人類を破滅にみちびきかねない核対決の危機にわれわれが直面しているのも、もとをさぐれば、そこにある。

たしかにヒトラーは、四〇年から四一年にかけて、かずかずの致命的な失敗を重ねた。だが、その失敗の根源にあったものは、イギリスの頑強な抵抗であった。だが、おそらくヒトラーのにえくりかえらんばかりの胸中を察すると、つぎのことではなかったか。つまり、チャーチルにひきいられるイギリス国民が、ヨーロッパ伝来の「現実政治(リアル・ポリティーク)」の作法からはずれ、西側世界にとって真の敵がなんぴとであるかを忘れさり、あの「憎々しい国家社会主義ドイツさえ厄介ばらいできたら、あとは野となれ、山となれ」(デイヴィッド・アーヴィング)といった無責任な態度に固執したことにあったのではないか。

もしチャーチルが、もうすこし大人で、ヒトラーの真意と戦略的意図を察して、英仏連合国とドイツとの暫定協定に達していたならば、こんにちほどの超大国・ソ連の勢力拡大はなく、したがってソ連の東欧支配もなく、大英帝国の崩壊も、もうすこし時間をかけた、ゆるやかなものになったのではないか。したがって、戦後の第三世界の民族解放闘争も、東西冷戦も、これほどまでに深刻なものにならずにすんだのではあるまいか。

専門の歴史家には禁じられている、こうした空想のおあそびが許されるのが、われわれ政治学者の特権なのである。

だが、右のような「イフ」の見地にたつとき、ウィンストン・チャーチルが彼の晩年、最期の日もちかい誕生日に、娘のサラに語った有名なことばは、きわめて暗示的なものとなってくる。

——「自分はずいぶん沢山のことをやってきたが、けっきょく、なにも達成できなかった」

ナチは全体主義か

おなじ「全体主義」の名で一括されながら、スターリン体制に比較して、ナチ体制のもっともいちじるしい特徴は、内政にかんするかぎり、一部のユダヤ人、ジプシー、精神病質者、反ナチ知識人など少数グループをのぞいて、国内の敵にたいしてなまぬるい手段しかとらない、一種の国民〝甘やかし〟政策に終始していたということである。それは、およそ全体主義体制にはほど遠いものであった。ユダヤ人大量虐殺の責任問題などの点で、先のハフナーのヒトラー観とは対照的なデイヴィッド・アーヴィングは、「アドルフ・ヒトラーは強力で仮借ない軍司令官だったが、戦時の彼は国内のことは荒れるのに任せた締まりのない不決断な政治指導者だった。事実、彼はおそらくドイツが今世紀で知った最も弱気の指導者だったろう」(『ヒトラーの戦争』)という結論に達している。これまた、多くの読者の常識に反するとおもうが、第二次大戦中、最後まで総力戦、国家総動員の措置をとらず、ドイツ上流階級の有閑夫人の奢侈品さえ生産し、五〇万の召使いを雇うままに放置していたような国は、ナチ・ドイツ以外にはなかった。

アルベルト・シュペーア自身が彼の『回想録』(邦訳『ナチス狂気の内幕』品田豊治訳、一九七〇年、読売新聞社）で、「この戦争で奇異の感をまぬがれないのは、チャーチルやルーズベルトが英米両国民に当然のこととして要求したような犠牲を、ヒトラーはドイツ国民に求めなかったという事実である。民主国イギリスが全労働力を総動員しているのに、権威主義国ドイツが労働問題にたいして、きまぐれな取扱いをしていたという相違こそ、国民世論のムードの変化に、たえず気がねしていた体制の不安感をこのうえなくしめす証左であった」と、その体制の内側から真実を衝いている。

ランド研究所のバートン・H・クラインのドイツ戦時経済の実証的研究をみても、一九四三年（ドイツ降伏は一九四五年五月）までのドイツ経済は、事実上、「平時経済であった。ドイツの消費財生産（奢侈品生産をふくむ）は、一九三九年の一〇〇にたいして、四三年は九一、敗戦前一年の四四年になっても八四までしか下降していない。これにたいして、一九四三、四四年のイギリス経済指標をみると、三〇年を一〇〇とすると五四であった」。ドイツが英米なみの戦時経済にようやくちかづいたのは、アルベルト・シュペーア軍需相の組織力と超人的努力によって達成された戦争末期段階であった。四二年第三・四半期ころから上昇に転じ、四三年のおわりまでに二倍に増加し、英米空軍の大都市、大工業地帯の爆撃下にもかかわらず、四四年の第三・四半期まで軍需生産は上昇をつづけた。

第三帝国の国内体制が市民的自由をまったく欠く、すみずみまで画一化された全体主義体制であったというイメージは、およそ真実から遠いものであった。この事実は、最近、西ドイツで一種の流行化している民衆史や国民生活の調査、庶民史の研究でも、しだいにあきらかにされつつある（これらの問題点については、村瀬興雄氏の近著『ナチス統治下の民衆生活』など参照）。

要するに、ナチ支配下の第三帝国は、ジョージ・オーウェルのえがいた『一九八四年』風の、すみずみまで管理しつくされた抑圧体制、ゲシュタポと秘密警察の支配する全体主義体制というイメージとは、かなりちがったものであったことは確かなようである。むしろ、現在の西ドイツと第三帝国のあいだに一定の連続性があり、ナチズムは、ワイマール時代に進行していたドイツ社会の近代化、都市化、国民生活の向上、生産性の上昇をさらに促進させ、大衆の支持を獲得するために懸命の努力を重ねてきた人気とり政治であったというのが真相にちかい。とくに労働者の余暇、休暇旅行、娯楽、コンサート、乗馬、ヨット、テニス、スキーなどの享楽、コカコーラやハリウッド映画に象徴されるアメリカニズムの浸透、性の自由化、エロティシズム、若者間での性の放縦の拡大など、大衆消費文化の進行は、およそ「全体主義」の名でわれわれが今日あたまにえがくものとは異質のものであったようである（村瀬興雄「ナチズムと大衆社会現象」『思想』一九八四年二月号参照）。

ここで、われわれは、重大な今日的問題に直面する。「全体主義」という概念によって、われわれは、ヒトラーのナチ体制と、ソ連の共産主義体制をいっしょくたに包括し、おそるべき秘密警察支配、人権抑圧、市民的自由の欠如、あくなき対外侵略と膨張主義の代名詞のように考えてきた。だが、戦後四〇年にして、ようやく戦後のタブーがとれ、ヒトラーやナチ体制についても、より客観的に論じうる条件ができてきた。それは、フルシチョフによるスターリン批判以後、社会主義者にとっても、スターリン支配のおそるべき実態が多少とも客観的に解明される条件がでてきたのとおなじである。

結論的にいえば、国内体制にかんするかぎり、ヒトラーのナチ体制は「全体主義」的ではなかった。すくなくとも、スターリン体制が「全体主義」だという意味では、けっして全体主義的ではなかった。むしろ、戦時中といえども、経済局には四ヵ年計画を担当する、でたらめなヘルマン・ゲーリング、首相官房長官のハンス・ランメルス、宣伝とマスメディアを独占するゲッベルス、党組織の行政中枢を握るマルチン・ボルマン、内相と秘密警察を握るハインリヒ・ヒムラー、国のなかの国ともいうべき、SSの存在など、まるで封建領主の支配する独立王国が乱立し、およそ総力戦をたたかいうるような全体主義的統制などみられなかった。

ところが、その反面、対外政策――つまり、他国民にたいする政策においては、こんにちだれでも知っているように、ブルータルな帝国主義的な支配と抑圧、冒険主義的な公然たる対外侵略をとった。とくに、ヒトラーが「ウンターメンシュ」とよんだ、非アーリアン人種――ユダヤ人、ロシア人、ポーランド人など、東方民族にたいしては、文字どおり、苛酷きわまる非人道的な大量殺戮と抑圧政策をとった。これは「人種」のタームで、友敵関係を決断するナチ・イデオロギーのとうぜんの帰結であった。

全体主義の内と外

ナチ体制とヒトラーの指導における、この内と外の非対称性を十分よく認識することは、きわめて大切である。なぜかというと、第二次大戦後、冷戦がはじまるとともに、そのころ、ナチ・ドイツにのみ使用されていた「全体主義」という語を、スターリンのソ連体制にも適用し、それを包含するようになったからである。それによって、ソ連の対外政策を、イタリアのファシスト、日本軍国主義者、ヒトラーのナチズムと同一視するようになった。とくに、ハーバード大学のトーマス・リフカの研究などが、明らかにしているように、冷戦初期の米国政府当局者、とくに国務省担当官は、「全体主義」というシンボルを発展させることで、ナチ・ドイツとスターリン・ロシアとを同一化することを意図的におこなった。

ところが、スターリン体制は、国内体制としては、文字どおり全体主義であったが、スターリンの対外行動がきわめて限定された目的をもつものであったという点では、冷戦史研究者のあいだで、正統派と修正主義派とをとわず、ハト派とタカ派とをとわず、ほぼ意見が一致している。たしかに、その限定された目的を達成するための戦術、手段、言辞、スタイルの面では、スターリンの対外政策と行動は、ヨーロッパ伝来の「現実政治（リアル・ポリティーク）」の慣行にのっとった慎重かつ限定的なものであった。たとえば、ユーゴスラビアにたいするスターリン外交ひとつとってみても、その慎重さがうかがえる。一九四八年のチトーの離脱は、ソ連にとって重大な政治的打撃であった。チトーの反逆は、スターリン個人への挑戦を意味していたにもかかわらず、赤軍も、ハンガリーやブルガリア軍も、ユーゴスラビアに進撃しようとはしなかった。ユーゴへの進駐は、東欧衛星国に不安と動揺をあたえ、不測の事態と、西側の介入をまねきかねないことをおそれたためである。原爆を独占し、圧倒的な経済力、技術力、海・空の前進基地網で、ソ連を包囲しつつあった米国および西側にたいして、ソ連は、自己陣営内部のもろさや弱味を知りぬいていたからこそ前述のように、「成吉思汗（ジンギスカン）の再来をおもわせる」ような攻撃的な言辞とタフな行動スタイルをしばしばとった。たとえば、ベルリン封鎖はその好例といっていい。また、マーシャル・プランやNATO

の形成にたいする対抗手段としても、ワルシャワ条約機構軍の形成によって、とくに戦車や重砲などの在来兵力の数量を誇大に宣伝することで、原爆独占のアメリカの力と相殺しようとつとめた。その外交言辞とスタイルのもつ攻撃性は、むしろ内部のもろさと弱さを反映していたといえよう。

したがって、戦後アメリカや西側が、「全体主義」の語で、ナチ・ドイツとソ連とを同一視し、「ミュンヘンの教訓」を引照することで、スターリンの対外行動の膨張主義と冒険主義を類推したことは、大きなあやまりをおかしていたといっていい。

冷戦の激化とともに思想界においても、一九五〇年を境に、西欧知識人に衝撃的な影響をあたえた三冊の書物が、あいついで公刊された。ジョージ・オーウェルの『一九八四年』(一九四九年)、D・リースマンの『孤独なる群衆』(一九五〇年)、ハンナ・アーレントの『全体主義の起源』(一九五一年)がそれである。

わが国では、幸か不幸か、リースマンの著書をのぞいて、ほかの二冊はほとんど無視された。そのふかい理由は、「全体主義」という概念で、ナチ・ドイツ体制と、スターリンのソ連体制とを同一視することは、社会主義にたいする許しがたい冒瀆とおもわれたからである。D・リースマンが三〇年代のアメリカ知識人についてのべていたように、ソ連の体制が、「社会組織のあらたな形態であって、昔の独裁制のもっとも血なまぐさいものに比べても、ずっと貪欲なものだということを警告しなければならなかった」のとおなじような事情が、五〇年代の日本にまだあったからである。つまり、ヒトラーやナチをひとつの脅威とみるくせに、ボルシェヴィズムやソ連の社会体制がひとつのホープだとまだ信じるようなナイーヴな知識人がわが国論壇の主流をかたちづくっていた。

また、戦後日本の知識人は、西欧の知識人とちがって、スターリンのモスクワ粛清裁判の血なまぐさい真相も、スペイン戦争におけるモスクワの態度も、独ソ不可侵条約締結時のショックも、戦中戦後のバルト三国、東欧支配の実態も、秘密警察とラーゲリの、想像を絶した非人間性についても、まったく無知であるか、なんらかの政治的、イデオロギー的理由で、知らぬフリをするか、ともかく、「全体主義」の語で、ソ連とナチ・ドイツを同一視することは、進歩的知識人にとって許しがたい知的冒瀆であった。だからこそ、こんにちでは、準古典とさえなっているジョージ・オーウェルの『一九八四年』も、反共宣伝文書のたぐいとみなされ、無視されたのである。

その結果、フルシチョフのスターリン批判と、ハンガリー事件などの諸事件に直面したとき、わが国知識人のうけたショックは、西欧知識人のそれとは雲泥の差があった。「全体主義」の語で、ヒトラーとスターリンの対外行動を同一視することは誤りであったが、ここで明確にすべきは、ヒトラーのナチ体制など比較にならないほど、国内体制にかんするかぎり、スターリンの体制は、全体主義的であったということである。オーウェルが描く『一九八四年』の逆ユートピアは、まさしくスターリン体制を、その生きたモデルとしたものであったことは当時から西欧知識人には常識であった。

要するに、ここで私が強調したい点は、スターリン外交がヒトラーの冒険主義とちがって、より限定された、慎重な性格をもつものであったからといって、スターリンの国内政治や体制のもつ、おそるべき〝全体主義〟的性格をいささかも免責するものではないということである。この点がしばしば混同されている。いいかえれば、スターリンとヒトラーの行動は、内政と外交において、明確な非対称性をもっているということである。この思想的根源をたどると、レーニンにいきつかざるをえない。しばしば、「戦争と革命の時代」といわれる二十世紀の非文明性と野蛮とをもたらしたイデオロギーの根源に、レーニン主義がある。

現代は、戦争と革命の時代と、しばしばいわれる。しかし、より正確には、戦争の時代から革命の時代へと重点をうつしつつあるのが二十世紀の時代的特徴といっていい。ことに、これから二十世紀末にかけて、文字どおりの世紀末一五年間は、おそらく、ゲリラ、テロの横行する酷薄な内戦の時代になるだろうとは、キッシンジャーの不気味な予言である。この戦争から革命の時代への転換を画した戦略的天才がレーニンにほかならなかった。

全体主義のルーツ

そもそも戦争は人類の歴史とともに古い。だが、革命は、近代以前には存在しなかったものである。「戦争は国家という旅行者にたえずつきまとう交通事故のようなものであったとすれば、革命は突如として襲いかかる雪崩のようなもの」（スタンレー・ホフマン）である。つまり、革命やゲリラ、内戦が現代の宿命のようなものになったのは、雪崩がすぐ発生しうるほど、近代社会の基盤がゆるみ、ささいな叫び声ひとつでも、地すべり現象がおきやすくなっている証左といえるだろう。

この雪崩をよぶ声は、まずフランス大革命からはじまったが、旧植民地の後進地域に、世界革命の大雪崩をよびおこす、もっとも大きな叫び声を放ったのはレーニンであった。つまり、現代の特徴たる「暴力行使の内政化」——つまり「戦争の革命化」をもたらした理論と戦略は、レーニンの名をおいて語ることはできない。

もともとマルクスとエンゲルスの社会主義思想は、根源的に「階級」憎悪や闘争にねざすものであったが、あくまで、それは人間的な、社会民主主義的良心と、社会改良のユートピアの伝統を色こくうけついでいた。その証拠に、晩年のマルクス＝エンゲルスの諸著作をみると、十九世紀後半の武器、暴力手段の発達からみて、牧歌的なバリケード戦の時代はおわりをつげたこと、暴力革命のもたらす非人間性を嫌悪する意見が散見できる。またアメリカに出現しはじめた株式会社のなかに、労働者や大衆の民主的な経営参加の萌芽的形態を見いだしていることなどから類推しても、マルクスは、現在われわれが頭にえがく「共産主義」イメージとは、およそ、似ても似つかぬ未来社会のヴィジョンをもっていたにちがいない。

だが、マルクスからレーニンにいたって、社会主義思想は、根底から変質した。レーニン主義のもつ冷徹な軍事的リアリズムを、その論理的極限までおしすすめたものが、スターリン主義にほかならない。レーニンのばあいには、まだしも、わずかに残っていた原始マルクス主義の社会民主主義や人道主義的な諸要素は、スターリンによって完全にぬぐいさられ、レーニンの冷徹なリアリズムと戦略的思考の側面のみがグロテスクなまでに拡大されていった。

レーニンがプロイセンの偉大な戦略思想家フォン・クラウゼヴィッツの崇拝者かつ熱心な研究者であったことはよく知られている。レーニンは、第一次世界大戦中、とくに一九一五年に、クラウゼヴィッツの『戦争論』を徹底的に研究し、それからの抜萃をドイツ語で、傍註をロシア語で、覚書めいたものにアンダーラインや感嘆詞をつけたものが『クラウゼヴィッツ・ノート』として遺されている。さらに現代の核時代における戦略論としてクラウゼヴィッツを再読し、レーニンのノートを参考に、ふかい哲学的考察をくわえたのが、さきごろ亡くなったレイモン・アロンの力作『クラウゼヴィッツ論――戦争を考える』（一九七六年、その一部のみ邦訳、政治広報センター）にほかならない。

では、レーニンは、クラウゼヴィッツからなにを学んだのだろうか。

レーニンの『クラウゼヴィッツ・ノート』の抜萃から推察するところ、戦争と平和、戦争と政治の有機的関連、士気と精神的要素の重要性、攻勢と守勢、攻撃と防御の弁証法などを学びとり、有名な「戦争は、他の諸手段によってなされる政治の継続にほかならない」というクラウゼヴィッツの中心命題に、彼のボルシェヴィキ革命論の中心をすえたものとおもわれる。つまり、私見によれば、国民と国民の対立（近代戦争）に基礎をおく戦争の技術と理論（戦略論）を、階級と階級の闘争の革命理論に転換し、暴力行使の内政化を徹底的におしすすめたものが、レーニン主義であった。

その対象が「国民」であれ、「階級」であれ、敵と味方を区別すること、つまり「友敵関係の決断」（カール・シュミット）こそ、戦略論の第一歩である。要するに、レーニンの発想は、「国民を主体とする近代戦争」の論理をそのまま「階級を主体とする近代革命」の論理へと転換させることにあった。いいかえれば、それは、けっきょく、クラウゼヴィッツ流の「戦争の芸術（アート）」（つまり、他国民にたいする暴力行使のアート）を、「革命の芸術（アート）」（自国民にたいする暴力行使のアート）に翻訳し、そのためフルタイムの職業革命家集団としての前衛政党組織をつくりだすことにほかならなかった。つまり、革命の参謀本部として、少数エリートによる貴族主義的な指導集団（ボルシェヴィキ政党）が、それまでの偶発的、自然発生的な大衆運動としての革命にかわって、事前に、計画、準備、動員、組織するところの、作為的な計画的なものに転換する共同謀議の集団となることを意味していた。

レーニン以降、革命がおそるべきものになったのは、けだし当然である。フランス革命はじめ、十九世紀の革命は、学園紛争に毛のはえた、「革命ごっこ」に見えるようになったのも、まったくレーニンのおかげといっていい。

フォン・クラウゼヴィッツの『戦争論』が、すでにプロイセンで熟成しつつあった「ドイツ参謀本部」の組織とリーダーシップを体系化、理論化したものであることはいうまでもない（この背景については、渡部昇一『ドイツ参謀本部』中公新書参照）。フリードリヒ大王からナポレオンにいたるまで、戦争のアートや戦略戦術は、もっぱら天才の個人的資質にたよっていた。それにかわって、「組織」が導入され、あらかじめ予想しうる戦域、仮想敵の想定にたった計画をねる「組織」が必要とされるようになった。その大きな理由は、参謀本部が「兵站幕僚部」を中心に発達したことが如実にしめすように、「鉄道」などの輸送手段の発達につれて、しだいに戦争は、「時間表」によるものとなり、すべての事態にそなえ戦争を準備、計画し、兵棋演習を組織的におこなう必要ができてきたからである。

いうまでもなく、戦争は人類の歴史とともに古いが、ウェストファリア会議以前の戦争は、宗教戦争の三十年戦争がその典型であるように、「国家を主体とする戦争」ではなかった。さまざまな部族、宗教集団、人種、文化のちがいに根ざした党派間の、血みどろの「仁義なき戦い」が通常であった。ウェストファリア会議以降、徐々に近代の民族国家が成熟し、国内社会に散在する党派の武装集団から暴力手段をうばい、国家がそれを独占するようになっていく。かくて国家が、唯一の正統な暴力装置（警察と軍隊）の独占者としてあらわれる。ここから「国家を主役とする戦争」がしだいに制度化されていった。

こうして十八世紀と十九世紀には、ヨーロッパ公法上、いわゆる「形式をもった戦争」が、まるで、第三者（中立国）の立会人のもとで、一定のルールにもとづいておこなわれる紳士間の決闘のような戦争（日露戦争を想起せよ）が、あらわれるようになった。つまり、「宣戦布告」によって、平時（平和状態）と戦時（戦争状態）とが、キッパリ切断され、戦時には、平時とことなったルール（戦時公法）が適用される。戦時における俘虜虐待の禁止、非戦闘員と戦闘員の区別、不必要に残酷な兵器の禁止、一般市民の保護などのルールが課せられることで、戦争にともないがちな暴力行使の無制限な拡大、エスカレーションが制約されるようになった。

このような「戦争の制度化」によって、はじめて、「宗教戦争と内戦との二つに対立して、あらたにヨーロッパ公法上、純粋に国家が主役になる戦争があらわれた」（カール・シュミット）のである。その意味で十八世紀と十九世紀は多くの点で異例の時代であった。それは、おそらく人類の到達した最高次の文明と秩序の世界であったといって過言ではない。その平和と秩序を支える基底にあったものが国家理性にもとづく「戦争の制度化」にほかならなかった。

ところが第一次世界大戦とロシア革命で開幕した二十世紀は、大量殺戮、内戦、ゲリラ、テロ、人質、原爆、ハイジャック、にいろどられた野蛮と非人間的な時代にふたたび逆行してしまった。まさしく宗教戦争と内戦の時代に退行したといっていい。

こんにち、レーガン大統領の言辞をかりれば、ソ連は「邪悪の帝国」である。敵対集団を善と悪の宗教的、道徳的タームで区別する敵概念があらわれたこと自身、われわれがおそるべき宗教戦争時代に逆行していることを雄弁にものがたっている。核時代では、核兵器で婦人、子供、病人をふくむ、相手国民のすべてを文字どおり、みな殺しにするという想定にたっている。これは、相手国民がすべて悪魔のように邪悪で、醜悪で、存在に値しないものという宗教的な「異物排除の思想」にもとづかないかぎり、不可能なことである。ここに、こんにちの核時代の対敵関係において、「絶対の敵」概念がうまれざるをえないふかい理由がある。

十九世紀末、最初にこのことを予感し、論理化したのが、フォン・クラウゼヴィッツであった。十八世紀的な国家を主役とする正規の戦争では、内戦やゲリラを抑圧し、限定化することに、戦時法規の主眼点がおかれていた。つまり、暴力手段の無限定性を否定することこそ、十八世紀的な「戦争の制度化」の中心にすえられていた観念であったといっていい。しかし、クラウゼヴィッツの歴史的洞察は、フランス革命によってよびさまされた民族主義のエランが、この十八世紀的な「暴力行使の限定化」の枠をやぶって、とことんまでつきすすまざるをえないであろうということを予感した。もはや、暴力手段は限定されえない。民族主義の情念によってよびさまされた、なまなましい憎しみと復讐の念は、相互の殺しあいでエスカレートし、それを止めることは不可能となる。敵イメージも、リアルな敵、絶対の敵概念へと無制限に拡大し、その憎悪の情念のエスカレーションにつれて、その相手方に行使される暴力手段もまた、無限定に上昇してやまないであろう、ということは明晰に見ぬいていた。

クラウゼヴィッツからレーニンへ

「恋愛と戦争では、なにをやってもゆるされる」とはよくいわれる警句である。恋をする男は、ウソをつき、贈物で買収し、力をふるって脅すことさえある。戦争もおなじである。兵器も小銃、機関銃、戦車、飛行機、潜水艦からはじまって毒ガス、生物化学兵器、核兵器と、人間の考えうるイマジネーションの限界ギリギリまで上昇しつづけ、他方では、人民戦争という語のしめすように、戦闘員と非戦闘員の区別が消滅し、正規軍と非正規軍の区別もなくなり、平時(平和)と戦時(戦争)の区別を消滅させる、あいまいな状態(冷戦)が間断なくつづく。このような、まったくあらたな戦略環境と国際情勢があらわれる可能性を、クラウゼヴィッツは、フランス革命とナポレオン戦争という現実のなかにするどく見てとっていた。

十九世紀後半、ナポレオン戦争を契機に、あらたな国民軍を基盤とした、「組織」と「指導」が、参謀本部というかたちで徐々に成熟しつつあったとき、このような歴史を背景に、二つの戦争論が公刊された。ひとつは、フランスのジョミニの『戦争概論』であり、もうひとつが、フォン・クラウゼヴィッツの『戦争論』であった。両人ともナポレオン戦争に参加し、その体験をもとに、新時代の戦略論を体系化した。前者はヨーロッパの軍人、軍参謀に大きな反響をよんだが、後者はプロイセンの参謀本部以外にはほとんど知られなかった。

両者の内容の根本的相違点は、パスカルの有名な語をかりれば、前者が、「幾何学の精神」の産物であったとすれば、後者は、「フィネスの精神」の結晶であった、といっていい。今日的な語でいえば、前者が、軍事的リアリズムの好例であり、後者は、政治的リアリズムの代表であった。

前者は、武器、地理、戦術、補給などの客観的要素を合理的に組みあわせて図示し、あたかも幾何学のように戦争を考える。そのため戦史の研究から、個別的、独自のケースを集め、そのなかにひそむ一般的な原理と法則を抽出する。こんにちでも、プロの軍人が好む、「内線作戦」とか、「外線作戦」とかの軍事用語は、このジョミニに負うところ大である。ジョミニのフランス的な明晰さと合理主義は、まさしく、「幾何学の精神」そのものであったといっていい。

後者によれば、ナポレオン戦争の本質は、フランス革命に発した、国民皆兵、徴兵制度、革命によってよびさまされた民族的エランにもとづくものであり、士気、精神力、抗戦意志、機動力が重視される。さらに産業革命による「鉄道」および「蒸気船」による輸送、補給能力の増大など、戦争の政治的技術要因も重視される。近代戦争のもつ綜合性、全体性、歴史性、政治性の理解において、政治的リアリズムの一典型であった。前者は、「戦争の科学」であったのにたいして、後者は、「戦争の哲学」であった。専門家のせまい視野と教養、戦術的合理性にのみ関心をよせるプロの軍人たちにとってジョミニの戦略論がわかりやすく、歓迎されたのはとうぜんであった。だが、そのふかい哲学的思索と歴史と現実への天才的洞察力の点ではるかに卓越したクラウゼヴィッツの真価は、十九世紀末のプロイセンの圧倒的な勝利によって実証されることになった。プロイセンは、短期間のうちに、オーストリアとフランスの二大陸上パワーを粉砕し、ビスマルクとモルトケが、プロイセンを中心に民族国家としてのドイツ統一に成功した。この成功をもたらした哲学が、クラウゼヴィッツの『戦争論』であったことは、彼の名声を不動のものとした。

さらに、クラウゼヴィッツの思想は、レーニンによって、革命の戦略理論へと転換され、やがて彼の『帝国主義論』を介して、毛沢東、ホー・チ・ミン、チェ・ゲバラなど第三世界の民族解放の戦略として、こんにち不朽の生命をたもっている。他方、ジョミニ流の「幾何学の精神」は、こんにちのアメリカの戦略論として、もっぱら数学者と経済学者の手によって精緻化され、核時代の抑止戦略「神学」となってわれわれのまえにある。

レーニンは、クラウゼヴィッツの『戦争論』をタテから読み、ヨコから読み、かれの理論にふくまれる総力戦と暴力の無限定性、戦争と政治の弁証法を、とことんまで論理的におしすすめた。

うまれながらのリアリストたるレーニンは、二十世紀の現実を真にうごかしていく大衆の思想が、ナショナリズムであることを見ぬいていた。それは、ときとして、階級的利益をもしのぐほど強力なものとなりうる情念であること、また、後進地域の農民にとって、「土地」への執着ほど強力な情念はないことなどを、あわせ見ぬいていた。彼の革命理論では、国内社会を、敵と味方にわかつとき、これらの非合理な心理的、政治的要素を無視しえないことを十分考慮にいれた。さらにボルシェヴィキの革命活動において、目的のためにはいっさいの手段がゆるされること、まさしく「恋愛と戦争のみでなく、革命においてもすべてがゆるされる」ことを確信した。かくて、聖なる革命という目的のためなら、〝徴発〟という国有財産や私有財産にたいする集団強盗から、平時において非合法とされるいっさいの手段——欺瞞と虚言、デマからテロ、殺人行為まで、煽動と宣伝、暴力の技術として体系化された。ボルシェヴィキが、革命の参謀本部として、革命手段の無限定性を解放したときから、二十世紀のおそるべき野蛮と非道がはじまったといっていい。

とくにレーニンは、クラウゼヴィッツの強調する戦争における精神的要素——士気、精神力の重要性を学び、革命指導と大衆動員の技術として、宣伝と煽動がいかに有効であるかを経験によってたしかめた。いいかえれば、革命は、もはや下から、人民が自然発生的にやむなく起ちあがるものではなく、現実のなかに潜在的可能性としてある、さまざまな矛盾、利害の対立、不平不満を、作為的に、宣伝と煽動によってかきたてる、事前の計画によるものとなった。また、革命の大義を大衆のわかる単純なスローガンのかたちで、教化、注入し、動員しなければならない。この準備、計画、作戦をねる参謀本部が、ボルシェヴィキ党である。

この「組織化された虚偽」という政治武器は、やがてヒトラーのナチズムに受けつがれ、より大規模に、よりシニカルに、ゲッベルスの天才によって、「悪の美学」の域にまで完成される。ことに、ボルシェヴィキの政治体験からレーニンが学んだ最大の教訓は、人民戦線ストラテジーの有効性であった。いわゆる自由主義者、社会民主主義者、理想主義者、平和主義者、ヒューマニストなど、ボルシェヴィキ以外の左翼的知識人、シンパ文化人が、いかに政治的に素朴で、お人好しで、だましやすい存在であるかということであったといっていい。かれらは、ボルシェヴィキのかかげる、平和、反戦、民主、人道、正義のスローガンに、コロリとまいるセンチメンタルな、間抜け、腰抜けであることを骨のずいまで学びとった。そのためレーニンは、ボルシェヴィキのもつ真の動機、目的をかくし、政治権力を掌握するまで、これらのナイーヴな連中を動員し、幅のひろい人民戦線をつくるための有力な協力者、援軍としてトコトン利用する。そしてそのことが、かれの政治戦術の中心的なものとなる。この政治的リアリズムはやがてナチのシニシズムとなって、より悪魔的な様相を濃くしていった。

要するに、「階級の敵」というかたちで、自国民を、敵と味方に峻別(しゅんべつ)し、敵（アウト・グループ）とみなされる人びとにたいして、国民間の戦争においてのみ許されるような、諸手段を適用することが、正統なことであるというイデオロギー（レーニン主義）があらわれたのであるから、その帰結がどのような戦慄すべきものになるのかを予測するのに、さほどの想像力を必要としないであろう。自国民の一部、つまり旧支配階級、貴族、高級将校、大地主、ブルジョワジー、知識人、富農などが「階級の敵」となり、やがて不信と猜疑の拡大につれて、敵の範囲は、無限定にひろがっていく。スターリン時代のように、味方陣営内部の、同志すら敵となり、党の最高幹部の同僚、秘密警察、軍将校にまで敵の範囲は拡大する。やがて、それははてしない兄弟殺し（粛清）の流血にいたるまでやまない。たとえ、レーニン自身がいかに純粋の人間愛と社会主義革命の理想の持ち主であろうと、人間社会では「意図」と「結果」のギャップは、ふかくかつ大きい。

レーニン時代には、まだしも残っていたヒューマンな、社会民主主義的諸要素がスターリン時代において完全に払拭され、リアリズムの側面のみが極大化されていった。帝政ロシアいらいの秘密警察の伝統をうけつぎ、言論、結社の統制、すなわち「恒久革命の制度化」の点で、ヒトラーのナチズムなど児戯にもみえるほど、その徹底性において、はるかに〝全体主義〟的となったのは、けっして偶然とはいえないであろう。

このレーニンのボルシェヴィズムによってよびさまされた自国民大量虐殺——〝オート・ジェノサイド〟(ロベール・ギランの語)は、カンボジアの大量虐殺において、そのグロテスクな極限形態を見せている。それどころか、故周恩来が語ったと伝えられるように、日中戦争による犠牲者数をはるかにうわまわる犠牲者をだした、中国の「文化大革命」のなまなましい悲劇がある。そして今日、それは中東で、中米で、はてしなく拡大していくかに見える。われわれは、いま、文字どおり地獄のような、非人間的な野蛮の時代——まさしく宗教戦争の時代に生きているのである。

V　攻勢と防御——乃木将軍は愚将か

日露戦争とくに旅順攻防戦こそ、攻撃側より防御側が有利になったという意味で、近代戦のはじめての本格的戦闘であった。この日露戦争の戦訓が生かされず、第一次大戦では一三〇〇万人の犠牲をだした。それは、ヨーロッパ諸列強の名将、名参謀が、ことごとく「攻勢は最大の防御なり」という戦略観の奴隷であったからである。

目から鱗の落ちるとき

私自身は、乃木〔希典〕将軍の崇拝者でもなければ、とくに将軍に関心をもっていたわけでもない。むしろ子供のころから、薩摩藩士族出身の父親（医者）が乃木将軍を崇拝し、質素倹約のきびしい生活態度をおしつけるのに閉口した記憶がつよい。歌舞伎、絵画、美食、文学好きの、東京生れの母は、子供のしつけや教育など、ことごとに父と対立し、かなり緊張した家庭雰囲気のなかで育った。だからといって、母への同情と、父への反撥から、福岡徹氏（『軍神』の著者）のように、乃木将軍に反感を感じたわけでもない。幼少年期から、芥川、菊池、志賀といった大正期の文学思潮にふかく影響されながらも、芥川龍之介の『将軍』にみられる底意地のわるい啓蒙主義の見方や、志賀直哉の貴族主義的な冷たい蔑視にもなじめなかった。

近年、司馬遼太郎氏の『殉死』（一九六七年、文藝春秋）や『坂の上の雲』を読んで、その該博な知識と史料に圧倒されながらも、なんとなく乃木将軍の評価や、旅順攻防戦の司馬史観に違和感をもちつづけていた。そのため、福田恆存氏の「乃木将軍は軍神か愚将か」（『歴史と人物』一九七〇年十二月増刊号）に接したとき、わが意をえたような気持になった。福田氏が一九四二年ごろ、旅順の戦蹟を訪れて、爾霊山（二〇三高地）の頂点に立ち、「西に北に半身を隠すべき凹凸すら全くない急峻を見降した時、その攻略の任に当った乃木将軍の苦しい立場が何の説明も無く素直に納得でき、大仰と思はれるかも知れませんが眼頭が熱くなるのを覚えました」という一節に、この地を訪れたこともない私にも、抵抗のない共感を感ぜずにはおられなかった。

ひとつには、かねてからナポレオンのモスクワ侵攻を巨細にえがいたトルストイの『戦争と平和』を愛読し、さらに、そのトルストイの歴史哲学を解剖した、イギリスの碩学（せきがく）サー・アイザー・バーリンの珠玉のエッセイ『ハリねずみと狐──「戦争と平和」の歴史哲学』（河合秀和訳、一九七三年、中央公論社）に、ふかい感銘をうけていたせいもあるだろう。

だが、近年、まったくあらたな角度から、旅順攻防戦に関心をもつようになったのは、私自身、冷戦史の共同研究に参加することになって、イギリスの外交史家ドナルド・C・ワット教授と親交をもって以来のことである。とくに教授の『あまりにも重大な仕事──ヨーロッパの軍隊と第二次大戦へのアプローチ』（一九七五年、テンプル・スミス）を読んだとき、「目から鱗（うろこ）の落ちる」とはこのことかと思った。あのクレマンソーの有名な句「戦争は、軍人にまかせるにはあまりにも重大な仕事」からとった題名の書物のなかに、つぎの一節があった。──「一八七〇年代（普仏戦争のあった年）以降、めざましいテクノロジーの発達度は、それにおいつく軍部の能力をはるかにこえて加速された。第一次世界大戦において西部戦線で相対峙（たいじ）した両軍は、すさまじい死傷者をだしたが、その最大の理由は、あきらかに、重砲の弾幕、鉄条網、機関銃のあらたな出現で、これまでの野戦の作戦要務令をどうかえねばならないのかを十分よく評価できなかった諸列強の参謀本部の失敗によるものであった。日露戦争は、これら三つの新事態がすべて登場した最初の近代戦争であった。そこから多くの戦訓を学ぶべきであったのに、それは十分に研究もされなかった。研究したばあいでも、この三つの新兵器のもつ戦略的意味について十分な関心が払われなかった」

われわれは、二十世紀最初の近代戦争が第一次世界大戦だとばかりおもいこみ、日露戦争のことを度外視していた。たしかに第一次世界大戦では右の三兵器のほか、航空機、タンク、毒ガスが登場し、潜水艦の本格的な活躍もはじまった。だが、陸戦の兵学上、攻撃（攻勢）と防御（守勢）の戦略理論に決定的な影響をもったのは、じつははじめの三つの兵器、とくに機関銃の登場であった。ワット教授も示唆しているように、日露戦争では、欧米諸列強の参謀本部から派遣された観戦武官が、まるで決闘の立会い人のようなかたちで、双眼鏡を手に、旅順攻防戦をつぶさに観戦していた。また新聞記者も、多数、従軍していた。乃木軍の参謀本部にいた特派員の一人、E・A・バートレットは、「旅順港攻城の歴史は、はじめからおわりまで、日本軍の武器の悲劇であった」と語っている。だが、これは正確ではなく、それから一〇年たらずでヨーロッパ諸列強の将校、兵士たちをおそった悲劇でもあったのである。

生かされなかった旅順の戦訓

こんにち、多くの史料がものがたるように、ドイツ、フランス、イギリス、アメリカなど欧米諸国から派遣された観戦武官は、おびただしい報告書を本国の参謀本部におくっている。しかし、その大半は軍首脳部によってにぎりつぶされ、紙クズかごにすてられた。おそらく、極東の「猿」の戦闘などなんの参考になるかと、当代一流をもって任じていた戦略家たちは、あたまからバカにしていたからである。敗戦国ロシアとくに革命後の赤軍をのぞいて、ドイツ参謀本部のみが、真剣に日露戦争史を研究し、一三冊からなる『個々の軍事史概要』を公刊している。うち二冊が旅順攻防戦の戦略的検討にさかれている。だが、日本陸軍の先生にあたるドイツ参謀本部でさえ、戦訓的な価値をもつものは、個々の戦術上の面のみで、戦略上では、日露戦争は西ヨーロッパの戦域には妥当しない特異なもので参考にならないとされていた。たとえば、「満州戦の作戦上の諸条件はまったく独自のもので、これから将来の大規模なヨーロッパ戦争について結論を引きだすには、冒険にすぎる」（フライターク＝ローリングホーフェンの言）とある。とくに、シュリーフェン計画（第一次大戦でのドイツ軍の作戦計画の原型となったもの）の策定者として令名高い参謀総長のシュリーフェン（第一次大戦前に死亡）は、旅順攻防戦のもつ戦略的意味をまったく理解できなかった。「これはあまりにも長期にわたる持久戦となってしまった。日本の軍司令部が過ちをおかし、正面攻撃に不決断であったところから、犠牲の多い陣地戦におちいった」として、高度に産業の発達したヨーロッパ国家にとって、長期戦はとりわけ破滅的なものになる。

「遠い満州でこそ、いく月にもわたって難攻不落の陣地でおたがいに対抗できたのである。だが、西ヨーロッパでは、こういうぜいたくきわまる戦争の遂行をゆるすわけにはいかない。……われわれは、急速に敵を粉砕し、殲滅（せんめつ）する機会を見つけださなければならない」と断言していた。この短期決戦への固執から、開戦になれば、中立国ベルギーおよび北部フランス突破の大旋回のためドイツ主力を右翼（西翼）に集中するシュリーフェン計画が策定された。もしフランス軍が、ドイツ軍左翼にたいして攻勢にでれば、ドイツ軍の手薄な左翼（東部国境）のもつ弱点じたいが、あたかも「回転ドア」のような力学的はずみをうむ。フランス軍が一方に重圧をくわえればくわえるほど、他方その背後よりする打撃がますますつよくなる。ここにシュリーフェン計画の妙味があった（たとえば、リデルハート『第一次大戦――その戦略』後藤冨男訳、一九八〇年参照）。しかし、シュリーフェンの後をついで大戦の基本戦略を指導した小モルトケは、大モルトケとちがって小人物で、この「回転ドア」の力学を理解できず、左翼を増強した。これも要するに、「攻撃は最大の防御なり」という当時の諸列強の参謀本部を支配していた固定観念からぬけだせなかったからである。

フランス軍にいたっては、ドイツ参謀本部以上に、フォン・クラウゼヴィッツの誤読による攻勢一本槍の主力撃滅、短期決戦思想にとらわれていた。ナポレオン以来の軍の士気、精神力にたいする神秘的な信条に惑溺したフォッシュ元帥以下、フランス陸軍首脳は、遠い極東における日露戦争の戦訓などに耳をかす用意はまったくなかった。

だが、なんと合計約一三〇〇万人の犠牲者をだして、西欧没落の根源をつくった、第一次世界大戦では、重砲の弾幕、鉄条網、機関銃がこれまでの戦略的通念を根底からくつがえすものであることに、ほとんどどこの参謀本部も気づかなかった。ただ開戦後、実戦の経験から機関銃こそ歩兵の精髄であることを見ぬき、右の三兵器が攻撃側より防御側に有利にはたらくことに気づきはじめたのは、ドイツ参謀本部のみであった。しかも、防御力増強の一助として機関銃および可動重砲の配備を参謀本部に進言した唯一人の天才的参謀将校が、かつての旅順攻防戦で日本軍に随行した若い観戦武官ホフマン大尉であった。なんと象徴的な事実であろうか。

先のシュリーフェンの言にもしめされるように、右の三兵器は、陸戦の基本概念のひとつである「時間」観念に革命的な意味をもっていた。それまで数千年におよぶ戦争の歴史で、個々の戦闘はどんなに大規模なばあいでも、数時間のうちにけりがついた。二十世紀初頭まで、すべての戦闘は短期決戦であった。ただ、ナポレオン戦争以降、スペイン、ロシア、後年のボーア戦争などのゲリラ戦をのぞいて、ライプチヒ（一八一三年十月十六日

〜十九日。プロシア＝オーストリア＝ロシア連合軍が、ナポレオン遠征軍とたたかい、ロシア遠征の敗北のひとつの契機となった戦闘）や、南北戦争のゲティスバーグでみられたように、数日を要する戦闘が例外的に二、三あったにすぎない。

この戦闘における時間概念に真の革命が生じたのは、日露戦争のときからである。これによって、戦闘はついに数週間単位で考えられねばならなくなり、第一次大戦以降、それは数ヵ月という時間単位になった。兵学の要諦からいえば、犠牲の多い、消耗戦や持久戦は、もっとも悪しき邪道といわなければならない。第一次大戦中でも、ヴェルダンの攻防戦は、じつに一九一六年の二月二十一日から、十月十五日まで七ヵ月にもおよんでいる。一九一五年の西部戦線での死者総計は、一九一四年の八五万人から、一挙に二五〇万人と上昇し、二月三日からのシャンパーニュにおけるドイツ軍陣地に五〇〇ヤード「食い込む」だけに、なんと五万の兵をうしなっている。にもかかわらず、ジョフル将軍の報告書は、機関銃、重砲の弾幕下での「白兵戦」が、「けっして効果なきものにあらず」と、臆面もなく述べ、フランス軍は四日、サン・ミシェル突出部に六万余の兵力を投入し、しかも完全に失敗している。その愚劣ぶりは、乃木第三軍の比ではない。

一九一六年七月一日から開始されたソンム攻勢でも、密集した大波のような兵の大群が、弾幕のなか、一定の速度で前進した。ドイツ軍の前衛塹壕（ざんごう）にさえ達しないうちに幾千名の兵が、野砲と機関銃でなぎ倒された。この二十世紀の一九一六年という年に、十八世紀の軍隊とよく似た隊形で、歩兵大隊は一〇〇ヤード以内の間隔をおいて四波が八波をなして攻撃した。「西部戦線異状なし」などの映画で、おなじみのように、兵士は服装を整え、肩と肩とがふれあうくらいキチンと一列に整列して、ライフル銃を胸のまえに斜めに構え、直立不動の姿勢をくずさず、ゆっくりした速度で前進した。これでは、おそらく児玉〔源太郎〕総参謀長どころか、乃木将軍でも、フランス軍参謀をつかまえて、その参謀肩章をひきちぎったであろう。これは、じつにフリードリヒ大王の「機械仕掛け」の歩兵隊のみごとな模倣によるものであった。

これが当時の歩兵操典に忠実な攻撃隊形であり、兵士の正規の行動であった。こうした、バカバカしい攻撃の六週間のあと、一マイルを若干うわまわる小さな敵陣の一部にたどりつくまで、尊い二万三〇〇〇名の人命をうしなった。J・A・ローズ中尉という一小隊長は、戦死する直前の手紙で、「当局の高官たちの無能と冷淡さと個人的野望によって」多くの戦友が殺害されたことに、悲憤をこめた手記を遺している。またべつの一将校は、「最後の一三日間の恐怖は、荒れ狂う狂人でさえ想像することすらできないほど、ものすごいものであった」と書いている（リデルハート『第一次世界大戦』上村達雄訳、フジ出版社）。

これで、どうして乃木将軍を愚将とわらうことができようか。

最近、ロード・D・ヒュームの『孫への手紙』（時事通信社）が元イギリス大使の大野勝巳氏の流麗な名訳で公刊されたが、ヒューム卿の父は、「自家の愛馬に跨って第一次世界大戦の戦場へ馳せ参じた」という想い出をかたっている。騎馬部隊を戦車にかえることなど、だれ一人としておもいつかなかった時期に、「独、仏、英の歩兵部隊は、塹壕を掘って身を隠しながら戦ったのである。戦争についてのわたくしの記憶は、部隊が塹壕戦に終始し文字通り泥の中にへばりついていたということであった。このことは、連合軍についてもドイツ軍についても同じことがいえるのであり、要するに両軍とも平板な消耗戦以外に戦略も戦術も持ち合わせた将軍がいなかったということなのである。四年間に及ぶ戦争中、時々数百名の部隊が塹壕を飛び出して突進するいわゆる『頭上出撃』を敢行したけれども、皆敵の鉄条網にひっかかり、降り注ぐ敵の銃弾と炸裂弾の餌食になる有様であった」とのべ、ついで「このような戦況だから、お前には理解し難いかもしれぬが、一週間続いたロース戦だけについて見ても死傷者四万五〇〇〇を出して僅かに一〇〇ヤード前進出来たにすぎないという結果に終っている」。

当時、ヨーロッパ諸列強の名将といわれたジョフル、ペタン、フォッシュ、ヘイグ、モルトケ、ルーデンドルフなどの無能ぶりが、こんにち、とうてい理解しがたいのとまったく同じ程度においてのみ、乃木将軍と第三軍参謀たちの愚行は、われわれの理解をこえているのである。

むしろ私には、スイス国境からイギリス海岸までえんえんとつづく、第一次世界大戦の塹壕戦と消耗戦の膠着（こうちゃく）状態に比較すると、乃木将軍をはじめ第三軍の参謀をふくめて、日露戦争時のわが参謀、将軍たちの、臨機応変と、その統帥と作戦の卓越ぶりが、あざやかな対照（コントラスト）をもって印象づけられる。日露戦争当時の指導層の、あまりにみごとな作戦指導と、近代的知性、統帥ぶりがかえって仇となり、辛勝だった日露戦争の実態が隠蔽され、実質的に第一次大戦の地獄を知らず、そこからなにごとも学ばず、自惚れと夜郎自大におちいったところに、太平洋戦争にいたる近代日本の悲劇があったとさえおもわれてくる。

とくに、児玉満州軍総参謀長にいたっては、航空機も戦車もない当時で、はじめて二八珊（サンチ）砲の集中砲火による心理的効果を知っていた点で、いわばヒトラーの電撃作戦をおこなった最初の人物であり、おそらく三〇年先をいっていた軍事的天才ではなかったか。要するに、乃木将軍は、すくなくとも当時のヨーロッパ諸列強の一流の将官なみでこそあれ、愚将ではなかった。ただ、児玉が時代を超絶した天才であったがゆえに、児玉に比較されて損な役まわりを演じさせられているにすぎない。

したがって、日露戦争、とくに旅順攻城戦を論ずるうえで、この悲劇が、千数百年、まったく異質の文明体系のなかに閉鎖していたひとつの民族が、ヨーロッパ国家体系という、異質の文明、国際秩序のなかに否応なくまきこまれた結果であったという一般的解釈には、首肯しかねる。ヨーロッパ大戦こそは、おなじ文明と国家体系を共有するヨーロッパ諸国民間の、いわば巨大な「内戦」（D・C・ワット）であり、「仁義なき戦い」にほかならなかったのである。それにまきこまれた諸国民の運命は、とうてい、われわれの比ではなかったからである。

イギリスの文芸評論家ジョージ・スタイナーは、ヨーロッパ大戦の悲劇についてつぎのように語っている。

「第一次大戦の死傷者は単にその数が膨大だっただけでなく、かれらの死が選り抜かれた人たちの惨死だったということである。これは社会学的な、人口統計学的な十分な証拠に立って言えることだと信じるが、パッセンダー（ベルギー北西部西フランダース、第一次大戦の激戦地）やソンム（フランス北西部、同上）の戦場での虐殺によって、イギリスの精神的、知的才能の一世代は皆殺しにされたのであり、選良中の選良であった多くの人材がヨーロッパの未来から抹殺されてしまった。フランスについても、長期にわたる大虐殺の結果は明らかに深刻だったが、それを算定することはさらに困難だ」（『青鬚の城にて』一九七三年、みすず書房）

「あと知恵」の錯誤

司馬遼太郎氏は、乃木司令部が旅順総攻撃の予定日を「八月十九日」ときめ、数日で奪(と)れるとおもい、その目算を新聞発表したことについて、「素人ならともかく、旅順をもっともよく知っているはずの現地軍みずからがなぜこのような軽率な目算を公表したのかわからない。……が、旅順は一日でおちなかった。それどころか、その後一五〇余日をついやし、六万人の血を流させるはめになった。目算をこれほど外(はず)すというのは、それが無能のゆえであるとすれば、これほど悲惨な無能もないであろう」と書いている（前掲『殉死』）。

司馬氏の右の評言は、二重の意味で、典型的な「あと知恵」の錯誤をしめしている。当時の西欧諸列強の常識では、前述のように、戦闘はいくらながくとも数日間が通例であり、しかも白兵戦と攻撃には、必勝の信念と楽観主義が不可欠の要件とされていた。日本軍が範をもとめたヨーロッパ諸列強の歩兵操典には、第一次大戦まで過去一世紀にわたり、「人対人の白兵戦こそ戦闘の真の基底とみなさるべきである」というクラウゼヴィッツ流の格言が金科玉条とされていた。フランス軍の歩兵操典（一九一四年）には、攻撃の目的は「敵を壊滅せしめるために銃剣をもってこれを圧倒するにある」と説かれ、イギリス軍でさえ、一九二四年までこの旧思想があらためられた形跡がない。この白兵戦重視の思想からいうと、必勝の信念を予告し、兵士に希望をあたえ、士気を鼓舞するのはとうぜんであった。朝鮮戦争当時でさえ、マッカーサー元帥がクリスマスまでに休戦を約束したり、ベトナム戦争で、いくどこのことが米指導層から口にされたことか。

第一次世界大戦の開戦時、サー・ジョン・フレンチは、一九一四年十一月、戦闘はこれで終わったと主張し、一九一五年一月には、かれは戦争それ自体が六月までに終了するであろうと意見を公表している。二月には、ジョフルが七月までに戦争はかたづくと発表し、ヘイグも三月、ドイツ軍は七月末までに和平を求めてくると確信をかたっている。七月にはドイツ軍は翌年一月後までに抵抗不能になると断じ、まもなく、その九月攻勢まえに、その予想期間を短縮し、冬の到着前に休戦が実現するだろうと予言している。英軍のキッチナーのみは唯一の例外で、開戦当初から、戦争は三年間継続するであろうと、悲観的な展望をかたっていた。それでも、本当は四年三ヵ月つづいた。

戦闘という混沌状況のなかで、いかに多くの錯誤と愚行がおこなわれるか、後からふりかえると、いかに喜劇的にみえるかは、なにも乃木第三軍にかぎったことではない。第一次大戦中、その欧州諸列強の参謀、将軍の愚行ぶりは枚挙にいとまないが、司馬氏のあげた例よりも、もっとひどい例をひとつだけあげておこう。

俗に〝肉ひき機〟とよばれたヴェルダン攻防戦は、七ヵ月におよぶ長期戦闘になったが、一九一六年二月二十五日、ド・カステルノー将軍のヴェルダン攻勢のとき、ブランデンブルク州兵が、砲火をまじえることなしにドゥオーモン砦を無血占拠した。たまたまフランス軍砲手たちが疲れきって眠りこんでいたからである。だが、カイザーの面前で、ドイツ側の告示が、「強襲による」ドゥオーモン占領をたからかに謳った。さらに茶番じみているのは、実際よりも三ヵ月も早く砦占領を謳った三月九日の告示であった。これは、電話による報告をききちがえたものである。さらに、この報告者たる師団長と、砦を占領しなかった将校に、その武功をたたえカイザーから最高のプロシア勲章「プール・ル・メリット勲章」が授与されている。この例などは、二〇三高地の一時の「占拠」を、「占領」とあやまって報告し、ロシア軍に奪回された後、児玉が激怒した例などに比べても、その喜劇性はもっとひどい。

要するに、一九一四年、戦争によろめき入ったとき、ヨーロッパ諸列強の政治家、軍人は、「軍の巨大機構の運動が始動した瞬間から、すべてアマチュアであった」（リデルハート）のである。それまで一〇〇年以上もつづいていた戦前の軍備計画や兵力態勢、作戦要務令にしみこんでいた伝統的な戦略思考のパラダイムがあとかたもなく粉砕され、さまざまな幻想、神話、虚構の残骸のなかから、真の戦争――戦雲状況の実相が姿をあらわした。

すでにトルストイが『戦争と平和』でえがいていたように、ある意味では日露戦争でもヨーロッパ大戦でも、プロぶった軍事専門家ほど、アマチュア以下の愚行と醜態を露呈することになった。旅順攻城戦で、無能の典型といわれた参謀長伊地知幸介は、砲兵科出身のプロであり、しかも、士官学校卒業後、最初から参謀将校として軍官僚機構のなかで純粋培養されたキャリアである。中尉のときドイツ陸軍に留学し、軍部きってのヨーロッパ通で、少将クラスでは、もっとも留学期間がながい。少佐のとき、参謀本部にはいり、日清戦争では現地軍参謀として旅順でたたかった。その〝土地カン〟をかわれて乃木の参謀長に補せられた。

だが、テクノロジーの発達、輸送能力と大衆軍隊の出現など、いわば戦争の革命期にあるとき、この種の官僚機構内部で純粋培養されたプロの職業軍人くらい、「無能」の存在になりさがるものはない。太平洋戦争は、いわば、その一大実験場のようなものであった。司馬遼太郎氏も指摘しているように、軍司令官、参謀に要求される最大の資質は、状況の変化に即応しうる「イマジネーション」の豊かさである。

ヨーロッパの諸列強の軍部は、ナポレオン戦争いらい、一〇〇年にわたる平和がつづくなかで戦場の勘を失っていた。現場で日々、競争と闘争にあけくれているビジネスマン、外交官、政治家などに比べても、はるかに、常人なみの現実感覚を失っていた。権威と服従の階層秩序の温室内部で保護され、クラウゼヴィッツが、「摩擦」の語でよんだ、いかなる機構にもみられる、予測しがたいミス、失敗、誤算に対処する勘すらも失い、空しいプライドと、固定観念のなかに生きてきた。しかも軍官僚機構のなかから、広汎な知識と洞察力をもつ最高の人材は、あらかた排除された。なぜなら欧州各国の軍部では、「軍人生活四〇年にちかい知識、経験ある、プロ以外に口出す資格なし」という原則が確立されるにいたったからである。リデルハートが皮肉っているように、これは世界史上、まったく新しい原則にちがいない。なにしろ、この資格要件からすると、アレキサンダー、ハンニバル、シーザーはじめ、クロムウェル、マルボーロおよびナポレオンにいたるまで、歴史上の偉大な指揮官は、ほとんど無資格者となり、アマチュアとして除外されねばならなかったからである。

その意味で、日露戦争時の日本が、開国いらい日も浅く、軍人生活四〇年というプロの資格要件などありえなかったため、ある意味で、児玉に象徴されるように、欧州諸列強の軍事通念に汚染されない、フレッシュな構想力ゆたかな軍指揮官に指導されることになった。このことが、辛勝とはいえ、わが国の勝因にどれほど益したかわからない。

いうまでもなく、児玉は、ヒトラーとおなじく伍長から出発し、下士官を四年もやらされた。ドイツ参謀本部のメッケル少佐は、当時から、「日本では児玉である。かれには独創と想像力がある」と、帰国後いっていた（司馬遼太郎前掲書）。おそらく、児玉の天性の資質は、伊地知と対蹠的に、ヨーロッパ兵学思考の固定観念などに汚れない無垢の、健全な常識と感受性、独創力、想像力を保持しつづけていたのであろう。

司馬遼太郎氏の指摘にもあるように、児玉が当時の固定観念からいかに自由な臨機応変の感覚をもっていたかは、二つの例でも推察できる。二〇三高地攻略に大きな威力を発揮した二八珊榴弾砲の陣地変換を命じたとき、その面でのプロの攻城砲司令官の豊島陽蔵少将が、専門技術の視点から反対し、「砲床のベトンが乾くのに一ヵ月か二ヵ月かかる」というのを、二〇数時間で強引にやらせて成功していることや、十二月四日いっぱいの攻城砲の猛射で、翌五日、朝九時、児玉が歩兵の突撃を命じたとき、斎藤太郎少将の指揮する決死隊にたいして、三〇人ずつに区わけして、攻撃隊形上、山にのぼる間隔をおかせた。この方法もこれまでのヨーロッパ兵学による隊形にはなかったことである。前述のように、一九一六年七月一日に開始されたソンム攻勢でも、密集した兵の大群が、野砲と機関銃が雨あられとふりそそぐなか、十八世紀のフリードリヒ大王の「機械仕掛け」の隊形をそのまま、一列にキチンと整列して、直立不動にゆっくりと前進していたのである。

児玉が、なまじ伊地知参謀長のように、ながくヨーロッパ留学などしなかったことが、どれほど、有益であったか、はかりしれない。

われわれが後から、すでにおきた事件を回顧し、歴史を叙述しようとするとき、もっともおちいりやすい錯誤は、「あと知恵」(hindsight) の陥穽（かんせい）である（この点については、拙著前掲『冷戦の起源』参照）。

政治、外交、戦争などの公的舞台におどった行為者（当事者）は、きわめて限られた状況のなかで、不完全な情報、時間のプレッシャー（タイム・リミット）、かれらが生きていた時代の価値観や思想、社会通念、いわゆる空気（山本七平氏の語）などに支配され、その所与の状況にしばられつつ、なんぴとも予見できない不確実な未来にむかって対処していかなければならない。経済の領域でも、おなじ指摘がケインズ卿によってなされていることは、だれでも知っている。

これにたいして、後世の歴史家は、現在の常識と知識にもとづいて、現在入手しうる資料により、いわば完全情報にちかいかたちで、過去の状況を再構成できる特権をもっている。たとえていえば、兵棋演習やウォーゲームのとき、衝立（ついたて）の外で両軍の動きを見わたせる審判官の立場に酷似している。いま、われわれは、バルチック艦隊が日本近海にあらわれて、ツシマ海戦（日本海海戦）がおこなわれたのが、一九〇五年五月末であることを知っている。しかし、大本営につよい圧力をかけて旅順艦隊とバルチック艦隊との合流をおそれていた海軍側は、バルチック艦隊が、早ければ前年十二月中、おそくとも一月末には日本近海に出現すると予測していた。この約半年の誤算が、どれほど強いプレッシャーになったかは、二〇三高地が陥落し、旅順艦隊を例の二八珊榴弾砲で撃滅したのが十二月初旬であることを考えれば、おもい半ばにすぎる。

不謹慎のそしりを覚悟で卑近な例をあげれば、緒戦期における巨人軍の王監督のおかれている苦境を想像してみるといい。日ごろ野球にまったく関心のない私も、乃木将軍と旅順攻防戦のことに想いをこらしていると、テレビにうつる王監督の憔悴した顔が、乃木将軍のそれとだぶってみえてくるのを否めない。二人のおかれた状況はきわめてよく似ている。王監督がとくに無能な指揮者でも、仕合い下手なのでもない。要するに、運がわるいというだけにすぎない。有能な参謀にめぐまれず、ドラフト制（一般徴兵制）による他球団なみの選手（大衆軍隊）と打線（不足がちの武器、弾薬）をあたえられ、一人で野球をやっているような感じをあたえている点でも、優勝してあたりまえと信じている巨人ファンの期待（日本国民の世論）と、一億総野球評論家になったかのような岡目八目にさらされて采配をふるわねばならない立場など、なんと似ていることか。しいて悪者をさがせば、旅順攻城戦の大半の罪が、海軍、大本営と満州軍総司令部にあったように、王監督の苦境も、「巨人軍創立五〇周年記念で、秋には読売新聞主催の日米決戦が予定されている」と発表した読売新聞社の戦略的決定そのものにある。

この決定は、他球団にとっては、まるではじめから巨人が優勝するものと決めてかかっているようなベラボウなはなしで、「いっちょう、やってやるか」と不必要な挑発となり、他方、王監督には最大のプレッシャーとなった。

軍人たちの固定観念

この点は、バルチック艦隊の接近間近しのタイム・リミットをきって、絶体絶命の苦境に乃木将軍をおいやったのと酷似している。さらにこんにち、谷寿夫中将の『機密日露戦史』その他の史料が暗示しているように、旅順攻城戦での主攻撃方面を二〇三高地にするか否かは、かならずしも最初から海軍、大本営、満州軍総司令部の上層部で意見の統一があり、ひとり第三軍のみが東部正門に固執していたわけではない。要するに旅順要塞の内部情勢は、わからず、その命令も一貫性がなく、第三軍は、さまざまな交叉圧力にさらされていたにすぎない。福田恆存氏も強調しているように、強襲による一種の威力偵察以外に、要塞の脆弱点、主防衛線、火力の位置など、確かめる方法がなかった。

しかも、旅順要塞は、その攻防戦の過程で強化されたのであって、はじめから難攻不落の半永久要塞であったわけではない。「現実の旅順要塞が築城を長技とするロシア陸軍が八年の歳月とセメント二十万樽をつかってつくりあげた永久要塞で、すべてのベトンをもって練りかため、地下に無数の窖室をもち、砲台、弾薬庫、兵営すべて地下にうずめ、それら窖室と窖室とを地下道をもって連絡していた」（司馬遼太郎前掲書）というのがこんにち、疑うことのできない常識のようになっている。この永久要塞に無謀な突撃で幾万の貴重な人命を失ったという点に乃木将軍の無能ぶりが誇張され、また逆に、乃木将軍の悲劇が強調されている。

だが、こんにちいろいろな資料（とくにロシア側）でみるところ、旅順要塞が、最初から八年の歳月をかけて永久要塞につくりあげられていた、というのもひとつの神話にすぎない。むしろ、ロシア側も、開戦後、旅順攻防戦の過程で、たがいに彼我の力を測定し、その脆弱点を必死に補強していったというのが真相にちかい。旅順要塞戦に参加したロシア軍人イム・コスチェンコの『旅順攻防回想録』（樋口石城〔原〕訳、田崎与喜衛現代訳、一九七三年、新時代社）をみても旅順要塞は、世界に宣伝されているような「堅城」にはほど遠く、要塞防備工学の専門家であるスミルノフ将軍がはじめて旅順を巡視したとき、「これは堅城どころか、無防備の陣地であり、汚水のたまった穴ぐらにすぎない」と酷評したほどであった。要するに、三月にはいって要塞防衛に精通したスミルノフ中将が旅順要塞司令官に任命されて旅順にきてから、修理工事がはじめられ、とくに「旅順にとってすべてであり、英雄心を発揮させる力でもあり、魂でもあり、思考でもあり、精髄」といわれたコンドラチェンコ少将が防御戦にくわわってから以降、めざましい防御陣地の強化がおこなわれたのである（ロストーノフ編『ソ連から見た日露戦争』大江志乃夫監修、及川朝雄訳、一九八〇年、原書房）。むしろ日露開戦のとき、要塞の陸上防衛線は危機にひんしていたといって過言ではない。コンドラチェンコが事実上、ごく短期間に、必死の努力で急速に難攻不落の要塞防衛体制をつくりあげたというのが真相にちかい。したがって、よくいわれるように、日本の陸軍参謀本部や大本営、まして第三軍がいっさいの情報を知らず、また知ろうともせず、無謀にも日清戦争当時の旅順要塞と同一視して、奇襲攻撃でとれると錯覚した、というのは、やや酷な批評である。開戦前に、有能なスパイその他の諜報手段で内部を調べあげても、かえってその貧弱な防御陣地の実態に、第三軍の攻城軍を誤算、独断をさせる効果のみであったろう。スミルノフやコンドラチェンコの指揮下で旧堡の改善と築城の大規模な工事が実施され、かつてカ・イ・ヴェリーチュの設計になる要塞は、原形をとどめないまでに、面目を一新したのである（くわしくは、同書およびロストーノフ前掲書）。

たしかに第一次総攻撃が挫折したあと、乃木軍の参謀本部にいたイギリスの観戦武官B・W・フリハードは、「通常あれほど物事に通じていた日本軍諜報部がどうして、要塞がしめしたはかりしれないほど強大な手段を評価できないで、あれほど無謀きわまるやり方を阻止できなかったかについて、驚くものである」と書いているが、ここでも、コンドラチェンコ少将などの努力で重砲と機関銃が強化され、その火砲のはたした役割が特別に大きかったという事実を忘れている。とりわけ機関銃の役割のはたした防御力強化は、革命的といってもよく、前述のように乃木第三軍がそれを評価できなかったとして、どうして非難できようか。たしかに、ロシア側の資料をみても、十分強化された東部戦線にたいする主攻撃に重点がおかれ、じつはいちばん弱い西部戦線が乃木軍にとって難攻不落にみえたという誤算や、ロシア守備隊員が全部で二万ないし二万五〇〇〇くらいと過小評価していたことも、指摘されている。だが、この東部戦線か、西部戦線かも、結果論にすぎない。

もし当初から西部に主力攻撃の的をしぼっていれば、コンドラチェンコ少将の柔軟な対処で、西部とくに二〇三高地が強化されたであろうし、前述のような、シュリーフェン計画とおなじく「回転ドア」力学の作用で、北東部からの迂回反撃で、乃木軍は逆襲され、逆包囲されたかもしれない。「あと知恵」からすれば、攻撃主力を単一の正面にしぼらず、多正面にたいする同時多発攻撃で、ロシア軍防御力や予備兵力を分散させるべきであったろう。

後年、山岡〔熊治〕少佐がスミルノフ将軍にあったとき、山岡少佐が日本の各部隊長がきわめて不思議におもったことは、いたるところで要塞軍の予備兵力にであったということだと質問すると、スミルノフ将軍は、にっこり笑って「今はすっかり過去のことになったので打ちあけましょう。私は貴軍の動静をすばやく見さだめ、それによっていつも攻撃の場所を確実に予知することができた。そして、あらかじめ他の陣地からわが予備隊全部を同所に集めていた。ただし、そのため他の陣地の立場は非常に危険となった」（イム・コスチェンコ前掲書）と、かたっていることからも、同時多発攻撃の有効性が推定されよう。しかし、そういうことは、すべて結果論であり、あと知恵にすぎない。

第一次世界大戦当時、すべての参謀本部では、「兵力」とは、「銃剣」の数ではかられる兵隊の数であり、その重要な地点に迅速に集中される密集部隊の量が勝敗を決するものと信じられていた。交通と輸送手段の発達で、敵もまたおなじ重要地点に同兵力を、おなじ速度で集中しうるという自明の事実に気づかなかった。もともと、どこの国の軍隊も保守的である。一九一五年六月にイギリス軍工兵総監のもとに、タンクと称する防御陣地突破の攻撃用兵器案が提出されたが、一笑にふされて却下された。キッチナーの面前で威力がしめされたときでも、「要するに、ていのいいおもちゃだ」といっていた。機関銃が戦場でドイツ軍の防御能力を飛躍的にたかめているのを知りながら、イギリス軍は、一九一五年になっても、まだ、それを増強する案が軍当局でてひどい反対にあっている。ヘイグは、この増強案に「機関銃は過大に評価されている。大隊あたり二挺あれば十分だ」と述べていた。

話はとぶが、「原爆」の能力についても、米軍内部ではその力について懐疑的であった。トルーマン大統領の軍事問題の補佐官であったリーヒ提督は、「われわれがいままでやってきたことのうちで、もっとも馬鹿らしいものだ。原爆が実際に投下されることはまずない。これは爆発物の権威として断言できることだ」と科学者のいうことをてんで信じなかった（『トルーマン回顧録』参照）。

では、なぜ軍人や参謀たちは、かくも保守的になり、過去の固定観念にこだわるのか。これには軍特有の構造的な理由がある。

いうまでもなく、近代戦は、数十万単位のマスを動かす。現代の大衆民主政治は、マックス・ウェーバーがいったように、その最低公約数の質で、その質もきまる。それとおなじで、末端の一兵士にまで、きわめて単純なマニュアル（作戦要務令や歩兵操典）で考え方を統一し、ながい期間にわたって訓練してはじめて使用にたえるものとなる。したがって、ひとたび、ある戦略思想、たとえばクラウゼヴィッツ流の主力撃滅、白兵戦重視の思想が確立されると、それにもとづく原則、作業コードがつくられ、それをもとに作戦要務令はじめ歩兵操典によって演習訓練が実施される。それを急にかえることはできない。この巨大なマスのもつ惰性と自己運動こそ、一方で軍指導部を保守的ならしめる理由であると同時に、新兵器の導入によって全戦略思想を変革することをためらう心理が生じるゆえんである。

かくて一三〇〇万の犠牲をだして学びとった防御重視思想が、第二次大戦前の、マジノ線に象徴される英仏連合軍の消極的な「守勢」中心主義となり、その「バカのひとつ憶え」の弱点をついて、急降下爆撃機（スツーカ）と戦車を中心にする機甲部隊をむすびつけて機動性をもったヒトラーの電撃戦（ブリッツ・クリーク）が登場する。ここでは、大衆軍隊、官僚機構の保守性にあきたらない若きエリートたちが、少数精鋭のチームをくんで、戦車、戦闘機にうち乗り、あるいは、コマンド攻撃のかたちをとって活躍する。

しかし、ヒトラーの電撃戦も長つづきはせず、相手方もそれを防御する手段を強化することで、ヒトラーの命運もつきる。最近、ノルマンディー上陸作戦四〇周年を記念して公刊された、この上陸作戦のくわしい新研究によると、ドイツ軍は完全に裏をかかれた奇襲であり、連合軍の圧倒的な制空権下にあったにもかかわらず、防御側のドイツ軍のつよさが圧倒的で、われわれの想像以上に連合軍は苦戦を強いられたといわれる。戦闘としては、ドイツ軍の「勝利」とさえ、その新著は判定している。長期的展望にたつかぎり、兵器の近代化は、あきらかに防御能力と持久力の強化に味方している。

戦略論からみた日露戦争

こんにちから顧みて、日露戦争についていちばん不可解な謎は、なぜ日本陸軍参謀本部は、ヨーロッパの中心部と満州の戦場とをつなぐ唯一の細い、単線のシベリア横断鉄道という絶好の攻撃目標をもちながら、この「気管」もしくは「動脈」にあたる補給線をズタズタに遮断、攪乱しなかったか、ということである。リデルハートも、いわゆる「間接アプローチ」の戦略論を説いた彼の著書『ストラテジー』(英語改訂版、一九六一年)で指摘していることである。

もともと日露戦争の特質は、当時の陸上、海上双方での未発達な交通手段の制約下で、ヨーロッパの工業中心部からきわめて遠隔な戦場でたたかわれた戦争であったということである。そのためロシア本国の中心部に備蓄された兵員、弾薬を動員し、極東の戦場へ移送するのにこんにち想像もできないほどの「時間」がかかり、ロシア側は、陸上での唯一の輸送路としてシベリア横断鉄道にたよるほかなく、ロシア側は本格的な反攻準備がととのわないまま、補給の点で圧倒的に有利な日本軍に戦略的主導権をうばわれつづけることになった。

当時の日本軍参謀本部は、かねて対露戦の作戦計画を練っていた参謀総長川上操六、その病没後あとをついだ田村怡与造など、第一級の頭脳をもっていた。田村の急死のあと、参謀本部次長に就任した児玉源太郎などをふくめ、いずれもドイツ参謀本部のモルトケ、日本の参謀本部によって招聘されたメッケル少佐などの助言を通じて、クラウゼヴィッツ流の主力撃滅の「直接アプローチ」を重視する陸戦思想の影響下にあった。にもかかわらず、太平洋戦争当時とは雲泥の差で、福島安正情報部長や児玉参謀次長のすぐれた指導のもとで、対ソ情報収集に全力をあげ、ロシア軍の極東現有兵力（約二三万と算出）および練度、士気の程度のみならず、シベリア鉄道の輸送能力などについてじつに緻密な分析をくわえる高度の知性をもっていた。とくに、シベリア鉄道が全線単線で、いちおうの軌道敷設工事は完成したが、最大の欠陥がバイカル湖南岸工事未完成のため、欧露よりの一貫輸送ができないこと、湖上の連絡船や氷上橇で中継していることなど、多くの弱点をもっていることを熟知していた。また、ロシア海軍は、ヨーロッパのバルチック艦隊と極東艦隊とが二分されていたうえ、極東艦隊が、さらに旅順艦隊とウラジオ艦隊とに分割されている弱点を衝くことも考慮にはいっていた。開戦時の日本艦隊とロシア極東艦隊との戦力比は、わが四にたいしてロシア側は三であり、わずかに日本側に有利である。バルチック艦隊の極東への回航には相当の時間がかかる。また、当時の世界の情報網をにぎっていたイギリス側からの情報も、「シベリア鉄道がまだ完成しないまえに、ロシアの極東進出を阻止するため、日本は一刻も早く先制攻撃を決意すべきである」という意見であった。時間がたつにつれて、日本側に不利となる。開戦は早ければ早いほどいい（以上については、谷寿夫『機密日露戦史』および島貫重節『戦略・日露戦争』上、一九八〇年、原書房参照）。

この点がおなじ日本海軍の先制攻撃で開始された太平洋戦争のばあいと一見似て、非なる点である（くわしくは本書第I章および『新編現代と戦略』第I章参照）。とくに当時の日本陸軍はドイツの参謀本部の影響をうけて、近代戦遂行上の補給の重要性をよく認識していた。とくに欧州留学中、児玉の研究したものは、クラウゼヴィッツ流の政戦両略の有機的関連の把握と、陸海の協力、民需・軍需の動員計画の重要性、士気と国民精神の重要性などであった。とくに児玉は、参謀本部と陸軍省の要職を約二〇年間も経験して、軍の統帥と軍政の両方に通じ、さらに桂〔太郎〕内閣の内務大臣兼台湾総督の地位につくなど、政治と戦争との両面を有機的に把握しうる経歴をもつ稀有な知将であった。海軍の山本権兵衛とともに、まさしく、政治的リアリストの典型的人物が、日露戦争の作戦指導の中心にあったということは、わが日本民族にとって幸運の一語につきるだろう。

もともと将軍（generals）は、その語がしめすように、たんなる軍事技術にかんするテクノクラートにとどまらず、その知識および理解がより「普遍的」でなければならない。戦争指導、統帥の位階が上にいけばいくほど、問題解決の次元と視野は拡大し、ひろい知識、歴史と哲学、人間性をみる洞察が不可欠となる。要するに、マクナマラではなく、ドゴールが必要となるゆえんである。

当時の参謀本部は、福島安正情報部長（中佐時代。一八九三年）が、単騎シベリア横断を実行し、その現地の「土地カン」に裏づけられた情勢把握につとめただけではなく、明石元二郎大佐によってロシア後方攪乱工作をおこなうなど、第一次世界大戦中のヨーロッパ諸列強の参謀本部の水準に比べても、遜色ない抜群の近代性をしめしている。にもかかわらず、リデルハートの指摘のように、ロシア軍最大の弱点、シベリア鉄道の「ノド笛」をなぜ、締めつけなかったか。とくに奉天＝ハルピン間の東清鉄道（後の満鉄）を遮断、あるいは鉄橋爆破など、コマンド部隊や特殊部隊によって間断ないゲリラ攻撃を敢行すれば、その長い補給線をまもるだけで、ロシア軍はおびただしい兵力をはりつけざるをえなかったはずである。この絶好のロシア側の地理的脆弱点を、戦略的になぜ利用しようとしなかったのか。

私が日露戦争で感じていた大きな疑問のひとつがそれであった。

「兵学の極意は、交通通信機関にかんする達人になることだ」というのはナポレオンの格言である。第一次大戦中の作戦でも、もっともみごとな「間接アプローチ」の成果は、一九一八年九月十九日に開始されたイギリス軍のメギドの勝利で、パレスチナのトルコ軍は二、三日で壊滅的打撃をうけた。この作戦構想はイギリス軍のアレンビーによるもので、彼がトルコ軍の交通通信機関の全系統を完全に把握していたことになる。また、この全作戦の一環として、「アラビアのロレンス」の名で有名なロレンス大佐の卓抜な指導によるファイサルのアラブ軍との共同作戦がある。とくにヘジャス幹線のゲリラ攻撃によるトルコ軍輸送の攪乱、破壊に絶大の効力を発揮している。

したがって、日露戦争でなぜ「シベリアのロレンス」があらわれなかったのか、不思議であった。だが、最近、私は、島貫重節氏の『あゝ永沼挺進隊』(一九七四年、原書房)をよみ、自分の不明を恥じた。永沼挺進隊という立派な「満蒙のロレンス」がいたのである。

前述のように開戦いらい、日本が戦略的指導権をうばいつづけることができたのは、日本海軍による日本近海の制海権の確保と、細い単線によるシベリア鉄道のロシア軍陸上補給能力の限界によるものであった。ところが、バルチック艦隊の回航(前述のように、五ヵ月の誤算があった)、予想外の旅順攻撃の苦戦にくわえて、陸軍参謀本部の綿密な計算をうわまわる奉天前面にたいするロシア軍主力の兵力増強が伝えられてきた。これは、戦後になって判明したことだが、敵もさるもので、当時、単線であったシベリア鉄道を一方交通のように使用しはじめた結果であった。つまり、ヨーロッパから東進して満州に到着した列車は奉天付近で全部、線路の外にはずしてしまい、貨車は兵舎の代用に使い、それでもあまった貨車は暖房用の薪にして燃してしまったという。この奇想天外な英断の結果、奉天正面におけるロシア軍兵力にかなりの計算ちがいを生じ、作戦部の田中義一参謀から総司令部情報参謀たちが、叱責をうけるという事態が生じた。このような緊迫した新情勢下で、いくども握りつぶしにあったのにもめげず、敵後方攪乱の「間接戦略」の攻撃部隊として、騎兵二個中隊、蒙古の豪族パトシャンを統領とする蒙古兵約二〇〇余騎、あわせて総兵力五〇〇騎からなる永沼挺進隊が、零下三〇度という最寒期に七五日間にわたり、約二〇〇〇キロにおよぶ後方潜行の迂回作戦を敢行した。このコマンド部隊は、鉄道守備部隊を急襲し、鉄道、鉄橋の爆破をおこなった。まさしく、「満蒙のロレンス」ではないか。

最近、島貫重節氏の貴重な研究などで、日露戦争時の日本軍の卓抜な情報活動、諜報と後方攪乱、明石大佐によるロシア革命への支援のくわしい実状など（小山勝清『明石大佐とロシア革命』原書房など参照）があきらかにされた。これにつれて戦略的見地からみると、日露戦争は、典型的な「非対称紛争」（asymmetric conflict）であったことがますます身にしみて実感されるようになった。この性格のゆえに、ベトナム戦争に酷似している点が多い。

また、拙稿「モラトリアム国家の防衛論」(『中央公論』一九八一年一月号)で強調したように、日本の安全保障政策が、なぜ専守防衛に徹しなければならないかの戦略論的根拠も、この基本的性格からくるのである。日露戦争当時のわが国指導者が卓越したゆえんは、日露の武力衝突が基本的に「非対称紛争」であることを完全に理解していたことである。

戦後の朝鮮戦争、アルジェリア戦争、第一次インドシナ戦争、ベトナム戦争など、地方的な土着の反抗勢力が、軍事能力の点で圧倒的に優位にたつ近代先進工業国家にたいして、「勝つことはないにしても、敗けない」ことに成功し、その独立や政治目的を達成している。この戦後の歴史からみて、周辺地域における土着民の武力反抗は、概してその本国からの海外派遣軍(外征軍)の敗北におわっているという印象をもちやすい。

だが日本がヨーロッパの白人大国ロシアと戦った当時、十九世紀後半から二十世紀初頭にかけて西欧の帝国主義の膨張期には、いとも迅速かつ能率的に、土着の地方的反抗は押しつぶされている。その大きな理由は、日露戦争や太平洋戦争での日本の帝国陸海軍のように、西欧諸列強とおなじ土俵で、おなじルールにもとづいて、正々堂々と戦ったからである。つまり、伝統的な名誉、栄光、勇気、騎士道(武士道)などの価値を重んじ、国際法や国際慣行にしたがった正規性のルールで闘ったからである。

だが、一八七〇年ごろから、ヨーロッパの野砲、ライフル、機関銃の発達と、その技術移転によって土着住民の反抗も、しだいに強化されつつあった。しかし、西欧先進国は、武器や火力の優位のみでなく、白人の優越感と自信と、なによりも組織力と団結力のあたえる大きな心理的威圧感の点で圧倒的な優位を保っていた。多くの植民地住民にとって、白人支配者は、まるでほかの衛星からまいおりた超能力をもつエーリアンのような存在に映じたのである。

したがって、唯一の例外がボーア戦争とアイルランドの反乱（一九一六〜二二年）であったように、不正規のゲリラ、持久戦の様相をおびた、これらの反乱で、イギリスは予想外の犠牲をしいられた。この例外をのぞいて、第二次世界大戦まで、戦争の勝敗は、軍事能力の優劣によってきまるものと信じられ、戦略的な通念として定着したのはとうぜんであった。

だが、第二次大戦後、軍事テクノロジーの異常な発達のおかげで、核兵器をふくむ軍事能力について大国と小国との力の不均衡はいちじるしくひらいているのにもかかわらず、インドシナ（一九四六〜五四年）、インドネシア（一九四七〜四九年）、アルジェリア、キプロス、アーデン、モロッコ、チュニジアなどの地方的反抗勢力は、軍事能力の点で圧倒的に優勢な先進工業諸国にたいしてその政治目的の達成に成功している。このひとつの理由は、兵器の近代化が攻撃側より防御側に有利にはたらいているからである。ベトナム戦争での外征軍たる米軍の敗北はその典型的な例である。

「非対称紛争」の意味

この種の紛争の特徴は、これまでの軍事的「能力」の闘争から、「意志」の闘争への転換を意味するものであるということである。アルジェリア戦争、第一次インドシナ戦争、ベトナム戦争などの紛争で、外征軍であるフランスやアメリカは大都市勢力であり、工業潜在力その他、能力の点で、アルジェリア全土、インドシナ半島全土を制圧し、占領する可能性をもっている。これにたいして、解放勢力側は、むろんフランス本土、アメリカ本土へ外征、進攻する能力を欠いており、そのため、在来型の意味で大都市勢力の軍事能力の中心部（本国の軍事＝工業生産能力）を破壊することははじめから不可能である。いいかえれば、もし「力」という意味を、せまい意味での軍事能力にかぎるかぎり、解放勢力に勝ちめのないことは、はじめから明白である。この意味で、この種の紛争を「非対称紛争」（アンドリュー・J・マック）とよぶ。

そこで論理的にいえることは、解放勢力にとって勝利の機会は、陸上における個々の戦闘での勝利ではなく、長期の視点にたった大都市勢力の継戦能力（政治能力）の消耗、いいいかえれば、戦争継続の意志をくじき、抗戦意志を内部から腐蝕（ふしょく）、破壊することをねらうほかない。

だが、この種の紛争は、「能力」の点で、弱い者と強い者との戦争であるため、弱い側に有利な点が多々ある。国際世論の支持、土着住民にとっては国民戦争、挙国一致の総力戦であるが、外征軍にとっては、いわば片手間の、気のりのしない持久戦、消耗戦である。そこに賭けられているインタレストの重要度、政治的動員の規模、内外世論の支持などの諸点で、決定的な相違がうまれてくる。

右の視点にたつとき、日露戦争は、ボーア戦争からベトナム戦争にいたるような、自国本土内でたたかう典型的な、外征軍対土着軍の抗争という「非対称紛争」ではなかったが、それが基本的に「能力」のたたかいではなく、「意志」のたたかいである点で、一種の非対称紛争であることを明治の指導層は十分に認識していた。つまり、不凍港をもとめて南下する帝政ロシアによる満州の単独支配という政治目的を断念せしめ、緩衝地帯としての朝鮮支配を確保するための武力行使であることを十分に自覚していた。

いいかえれば、日露戦争が、ロシアの「死命ヲ制スル能ハザル」戦争（小村寿太郎外相）であり、不凍港をもとめて南下する帝政ロシアの満州支配を警戒し、これを封じ込めようとする英米の「邏卒番兵（らそつ）の役」（伊藤博文の言）であること、今日的な表現でいえば、英米のいわば「代理戦争」であることを十二分に認識していた。当時の指導層は、清国を中立化し、戦闘予定地も遼東以東に限定する方針のもとに、開戦五ヵ月にして早くも、講和条約についての意見書が小村外相によって提出され、「直接ニ列国ノ利益ヲ害スルコトナキ範囲」内で講和するという周到な配慮を忘れてはいない。

また、当時の世界秩序の主勢力であった英米の対日世論や国際世論への訴え、涙ぐましいほどの国際法遵守、ロシア本国内部の後方攪乱、情報・諜報戦の重視、世界最高水準の兵器、軍事技術の確保、戦費調達への周到な配慮、祖国防衛戦としての民族的結束と高い自発性、士気の点で、「非対称紛争」の教科書的な勝利（むろん辛勝であったが）のパターンをしめしているのである。

むろん、多くの点で、ベトナム戦争と共通点をもつが、相違点もすくなくない。その基本的相違点についていえば、「非対称紛争」でありながら、日本は、あくまでヨーロッパ国際秩序の作法（国際法）に忠実たろうと懸命に努力したことである。

この点から、リデルハートの日露戦争批判が、やや的はずれである理由も、乃木将軍の存在およびその人格があたえた国際世論へのインパクト、その戦略的意義の巨大さが理解されよう。リデルハートの強調する「間接アプローチ」は、かならずしも、非正規戦を意味するものではないが、それは、不可避的に、いわゆる「便衣隊」や、「非正規兵」（平服着用の戦闘員）が、後方攪乱のための遊撃戦やゲリラ戦、コマンド攻撃などに参加することになりやすい。児玉総参謀長が、すでにシベリア鉄道破壊目標約三〇〇ヵ所の正確な情報にもとづき、この特殊コマンド部隊による鉄道、鉄橋破壊、攪乱の有効性を知りながら、これを公然、大規模に実施するのをためらったのは、おそらくこの種の作戦が国際世論におよぼすマイナス効果のためであったであろう。アルジェリア戦争、ベトナム戦争などでも、つねに重要な戦略的関心事は、非正規戦のもたらす本来的な残虐性と、国際世論の支持獲得との微妙なバランス保持の問題であった。

　わが国は、新興国家として、日露戦争をじつに正々堂々とたたかった。この日本の青春期ともいうべき時代精神は、永沼挺進隊の殊勲の勇士、半田および佐藤両一等卒が第二軍司令官、奥大将によって直接、感状を授与されたときのエピソードにもよくしめされる。奥大将以下、師団長、旅団長のズラリと並ぶなか、佐藤弥一一等卒がいちばんさきに呼びだされた。この個人感状を授与される佐藤一等卒は、鉄橋爆破を敢行した勇士とはおもえないほどの一見ヤサ男であった。後ほど、秋山好古少将から、「お前は挺進隊でずいぶん苦労したであろうが、何がいちばん若しかったかね」と質問されると、一等卒は勇気をだして「今日の感状授与式の苦しい思いを考えると、苦しいなどということは、なかったでありまし（ママ）」とやった。秋山少将は、おもわず大きな口をあけて笑いながら、その回答が気にいったとみえ、さらに、「どんな勇敢な働きをしたから今日の感状を頂いたと思うか」とたずねると、一等卒は真赤になって、わからないむね口ごもる。さらにひとつだけ手柄話をしゃべってくれといわれた佐藤は、キッとなって「手柄話を聴く奴も、話す奴も大馬鹿だと、いうているのでありまし(ママ)」とこたえたという。後日、秋山将軍が永沼隊長に会ったとき、「あれが真の勇者」とたたえたという。心あたたまるはなしではないか(前掲『あゝ永沼挺進隊』下)。

また最近、日露戦争の従軍記者で、後に第一次大戦中にも「ロンドン・タイムズ」の特派員となったスタンレイ・ウォッシュバーンの『乃木大将』(上田修一郎訳、甲陽書房)を読む機会があった。当時、アメリカの「シカゴ・ニューズ」の特派員として第三軍に従軍した若い記者が、乃木大将夫妻の殉死の報に接して、一気に書きあげた文章である。彼は将軍を「わが親父」とよんでいたというが、当時、旅順攻防戦で、数多くの外国人従軍記者や観戦武官が、乃木将軍にみぢかに接して、あたえられた運命に黙々とたえている高貴な古武士的な人格にうたれたのであろう。人間でも芸術品でも本モノこそ、国境をこえて万人の心をうつ。日本海海戦の祝賀会で、彼の目に映じた将軍の姿がつぎのようにえがかれている。――「万歳の盃が重ねられ、相和した。乃木将軍は少しおどけた笑いを浮べて、そのさわぎを傍観していた。やがて微笑が消え、半ばきびしい半ば悲しそうな顔に変わった。将軍は右手を挙げた。即座に室内は静かになった。各人が将軍の言葉を聴きもらすまいと身体を前に傾けた。将軍の発言内容はわれわれに通訳されたが、それは次のようであった。

『われわれがわが連合艦隊のために、またわが勇敢な海軍軍人やわが提督東郷大将のために祝盃をあげることは当然のことであります。天皇陛下の御稜威（みいつ）によって、わが海軍は大勝を得ました。しかしわれわれは、敵がその運命において大不幸を見たことを常に忘れてはなりますまい。また、われわれは、わが勝利に祝盃をあげる時、敵が苦悩の時期にあることを忘れないようにしたいものであります。われわれは、彼らが不当に強いられた動機で死についた立派な敵であることを認めてやらねばなりません。次にわれわれはわが軍の戦死した勇士達に敬意を表し、そして敵軍の戦死者に対する同情をもって盃を乾すことにしましょう』

これが典型的乃木将軍である。……（中略）八時を過ぎ、薄明りは今にも暗闇の中に溶け込んで行くところであった。

中庭を出る時、私は厩（うまや）の陰に長靴で褐色の長い外套の男が立っているのに気づいた。荒削りのまぐさ桶にもたれ、肥えた栗毛の馬の頸と鼻を撫でていた。この人は乗馬の美しい頭を自分の胸に引きつけ、一方の手で、待ちかねているピンク色の口に日本の砂糖菓子を押し入れてやっていた。その人が厩の陰から出てくると、残光が穏やかな顔に当たった。それは乃木将軍、即ち旅順において十万の生命を費やしたその人であった」

　私自身も小学生時代から口ずさんだ「水師営の会見」の「庭に一本棗の木　弾丸あとも著じるく……」で、うかびあがる光景は、時代と場所をこえて人の心をうつ普遍的な、なにものかである。降将ステッセル以下に帯剣をゆるし、アメリカ人が映画を撮ろうとしたのを乃木は副官をして慇懃に断わらしめた。この敵将へのおもいやりは本物であり、外国特派員のすべてを感動させた。後年ステッセルは敗戦の責任をとわれて、軍法会議で死刑の宣告（一九〇八年）をうけたが、乃木将軍が、元第三軍参謀津野田少佐に依頼し、英仏の新聞にステッセル将軍の武功を宣伝させ、乃木将軍の名をもってステッセル将軍の善戦を賞讃する論文をも発表させた。それらの努力の甲斐があって、ステッセルは懲役一〇年に減刑され、さらに健康を害しているゆえに、その刑も免除されたのである。私自身、ウォッシュバーンの著書ではじめて知ったのであるが、乃木将軍殉死の報がロシアに伝わるや、「モスコー郊外のモンクより」という匿名の差出し人で若干の香奠がおくられてきたという。これは、まぎれもなくステッセル将軍からであった。

　こういう時代もあったのである。

世界の人びとがいまなお、豪華客船タイタニック号の最期に、十九世紀ヨーロッパ文明の騎士道の終焉をみるように、当時の人びとは、乃木将軍夫妻の殉死の報とともに、明治日本の終焉をみたのみでなく、同時に、西欧文明の挽歌をもあわせ予感していたのである。

VI 目的と手段——戦史は「愚行の葬列」

核兵器以外のすべてを投入した米軍は、なぜベトナムで勝てなかったか。ベトナム戦争は、本当に民族解放戦争であったか。戦略の本質が目的と手段のたえざる対話にあるにもかかわらず、手段の限界に見あったレベルにまで目標をさげる英知を忘れてはならない。

戦略の本質

戦略の本質とはなにか、と訊(き)かれたら、私は躊躇(ちゅうちょ)なく、「自己のもつ手段の限界に見あった次元に、政策目標の水準をさげる政治的英知である」と答えたい。

古来、多くの愚行は、このことを忘れた結果である。この英知をくもらせる要因はあまたある。力のおごり、愛他的モラリズム、希望的観測、敵の過小評価、官僚機構の惰性、国内世論の重圧、官僚の出世欲、自己顕示欲、数えあげればキリがない。現代の三十年戦争とよばれたベトナム戦争のプロセスは、アメリカにとって目的と手段のバランス感覚を見うしない、手段の限界に見あったレベルにまで、達成目標の水準を徐々にさげるのに長い長い時間がかかった歴史であった。

このことは、第二次世界大戦直後の、アメリカのとった対中国政策と比較してみるとよく理解できる。たしかに「封じ込め」とよばれる戦略は、多義的であいまいであるが、当時、アメリカが国民政府へ経済援助でお茶をにごし、軍事介入にふみきらなかったのは、目的の点からではなかった。「封じ込め」という戦略目標にかんしては、中国のばあいも、ベトナムのばあいもさしてかわらなかった。にもかかわらず、中国のばあいには本格的な軍事介入を自制することができたのはなぜか。

それは、戦略目標の点からではなく、それを達成する手段の考慮から出発したからである。アメリカの軍当局者、とくに陸軍は広大な中国大陸に介入して、共産勢力の支配から国民政府をまもることが不可能にちかい難事であることを十分よく知っていた。いくら単純な頭脳の軍部でも、地図をひらいてみれば、大陸沿岸に空母をうかべ、その航空兵力のみで制空権を全土にわたって掌握することが不可能であること、したがって、地上軍の大量派遣、介入をまねくおそれがあること、ソ連領と陸続きの中国を海上封鎖してみても、効果があがらないこと、蔣介石の国民政府の腐敗など、だれにもよく納得がいったからである。

ところが、インドシナ半島はちがう。地図をひらいてみても、海岸線にそって縦深の浅い、細長い半島は、一見、空母の航空兵力でカバーできるかのような錯覚をあたえずにはおかない。

第二次大戦後、戦略爆撃調査団の報告を正確に吟味すれば、空軍力の限界が十分よみとれたはずなのに、空軍優先の神話がうまれた。戦後、空母によってカバーできる情報空間を、アメリカの支配圏と同一視する傾向がうまれた。ハーバード大学のアーネスト・メイ教授（外交史）は、冷戦の拡大にはたした海軍の役割を重視して、「もっとも重要なことは、戦後、海軍が空母海軍であったことである。そのため、海軍関係者は、空母がもっとも効果的に作戦行動をとりうる地域と、合衆国の国益とを同一視する傾向が生まれてきた。つまり、北大西洋より地中海、どこよりも太平洋といった地域を重視するようになった」と指摘している（拙著前掲『冷戦の起源』）。

ところが、マハンいらいの、空間中心の地政学的な戦略論は地政学といいながら、私が「統治可能空間」（governble space）とよんだものの重要性をしばしば閑却した。すなわち、ベトナムでは、一定の地域（空間）を軍事的に制圧するだけでなく、その地域を平定し、秩序を回復、安定させなければならない。だが、人間の住むすべての地域が、統治可能か否か、けっして自明ではない。インドシナ半島が、近代国家の統治方法で他者が介入しても、統治不可能であることは、つとにドゴールが強調していた。

一九六六年、ドゴールがジュネーヴ会議を再開し、米仏ソ中四ヵ国会議をひらき、すべての外国軍隊をインドシナ全土から撤兵させ、四ヵ国の保証のもとで、ラオス、カンボジア、二つのベトナムの中立を確立する、という提案をおこなったことがある。この当時、このドゴールの提案は十分、実現可能性をもつものであったが、合衆国政府によって拒否された。当時アメリカは、ジョージ・ボール国務次官を派遣して、ドゴールと会い、いかなる話しあいによる解決も、「戦場でわが方の力の立場が強化されないかぎり、交渉で相手から譲歩をかちとることはできない」と主張した。例のアチソン流の「力の立場」からの交渉という論理でドゴールに反論した。

これにたいして、ドゴールは、その幻想こそ、フランスがインドシナ半島の困難にひきずりこまれた根源であったと指摘し、「ベトナムは、たたかうには、絶望的な場所である」。それは、「腐った国だ。……合衆国が可能なあらゆる資源を投入しても、勝てない……武力ではなく、交渉のみが唯一の道である」と、忠告した。

ドゴールは、「政治の芸術家」（スタンレー・ホフマン）として、彼のゆたかな体験と直感から、ベトナムが「統治不可能空間」であることをだれよりもよく知っていた。

したがって、ベトナムで必要な実力は、近代的な装備や機動力をもつ軍隊ではなく、むしろ警察力であった。ベトナムでの成否をはかる尺度は、マクナマラ流のシステム分析の手法で数えあげられた遺棄死体数や、味方の損耗率ではなく、治安、秩序、統治の安定度という、まったく質的にことなった政治の次元のものであった。前者では、機械工（メカニック）の手法が必要だが、後者では、「庭師（ガードナー）の手法」（ジョージ・ケナン）が必要であった。だがアメリカは、昼と夜とでは解放勢力と政府軍の統治空間がいれかわるといった、およそ伝統的な西欧の国家論では想像もできない混沌状況にたいして、まったく不向きな近代軍隊をおくりこんでしまった。

アイゼンハワー大統領やリッジウェイ将軍は、陸軍出身の生粋の武人として、空軍力の限界、ベトナムの地形、政治風土の制約を十分よく知っていた。一九五三年から五四年ころ、アイゼンハワー大統領の回顧録によれば、「私はベトナムの国内政治状況が弱体で、紛糾し、軍事的立場をひどく弱めるゆえ、フランスはベトナムで勝てないと確信していた」と指摘している。軍事情勢については、「紛争の早期段階では、索敵と決戦にもちこむには険（けわ）しすぎる地形で大半の戦闘がおこなわれた。あとになって戦線がかなり明確になって、機動力をもつ部隊が効果を発揮できるようになっても、レッドリバー・デルタ地域内部で主要道路の確保にも一日のうち二、三時間の制圧がやっとであった」

と、その統治不可能性をついている。要するに、「アメリカの援助をいくらつづけても、フランス＝ベトナム関係の欠陥を医すことはできない。したがって、それは限られた価値しかもたない。だが、この援助を与える必要は、ほとんど強制的である。合衆国は、東南アジアを放棄すべきでないとするならば、経済援助以外に現実にうつべき手はない」と述べている（ドワイト・D・アイゼンハワー『回顧録』）。

むろん、この政治的背景には、東西対決の主戦場たるヨーロッパにおけるNATOの拡充、その重要メンバーの西ドイツの再軍備問題がからんでいた。ドイツの軍事力強化をおそれるフランスは、西ドイツの再軍備とインドシナへの米国の援助とをリンクさせ、取り引きにでてきた。つまり反植民地主義を国是とするアメリカが不本意ながら、インドシナ半島の介入にひきずりこまれたひとつの理由は、フランスの恐喝であった。

だが一九五四年当時、合衆国の統合参謀本部（JCS）は、目的と手段の均衡感覚をうしなってはいなかった。アイゼンハワー大統領の命をうけて、生粋の武人リッジウェイ将軍は、インドシナ半島でフランス軍を援助し、ベトミンとたたかって、その政治目的を達成するのに、どのくらいの費用と兵力がかかるか、「手段」の点から綿密に試算した。その結果、当時の金で、年間の戦費三五億ドルとみつもられた。

「軍部におけるジョージ・ケナン」といわれたリッジウェイ将軍には、インドシナ半島が、アメリカの「死命を制する」ほどの利益があるとは考えられなかった。そして、統合参謀議長のラドフォード提督やN・トウィング空軍司令官などが空軍の力を過信し、インドシナでフランス軍を援けることが可能であるかのような幻想をいだいていることにふかい憂慮の念をいだいていた。

マッカーサー元帥にかわって、朝鮮戦争で中国の介入で総崩れになった国連軍をたてなおし、休戦にもちこむ困難な仕事をはたしたリッジウェイ将軍は、なによりも無意味な戦場で、部下を無駄死にさせたくなかった。将軍はひとたび空襲がはじまると、地上軍の派遣をまねかざるをえなくなることを十分よく知っていた。

リッジウェイは、この地上戦に必要な最小限度の兵站（へいたん）要件を知るため、通信、軍医、工兵、兵站要員を現地におくり、港湾、鉄道、道路設備、気象条件から伝染病の種類まで調べさせた。

かれらの報告は心胆を寒からしめるものがあった。敵を掃滅するのには最低五個師団、できれば一〇個師団、プラス工兵五五個大隊、総兵力五〇万もしくは一〇〇万、プラス膨大な建設工事要員が必要だ、というものであった。朝鮮戦争ですら、六個師団の派遣ですんだ。要するに、この地域ではおよそ近代戦に不可欠の最小限度のインフラストラクチュア（港湾施設、鉄道、幹線道路、通信網、電話線など）をゼロから建設しなければならなかったからである。

このリッジウェイ報告の効きめもあって、当時の統合参謀本部は、その年の五月に国防総省につぎのような覚書を提出している——。

「インドシナは、決定的な軍事目標を欠いているうえ、インドシナでほんのしるし程度以上の合衆国軍隊を配置しようとすれば、限られた合衆国の能力に重大な支障をきたすことになるだろう」(『ペンタゴン・ペーパーズ』第一巻)

すくなくとも、当時の統合参謀本部は、ベトナム情勢の明確な把握にたち、それに投入可能な手段の限界についての冷厳な認識から出発した。とくに、アイゼンハワー、リッジウェイなどが兵站、補給の専門家であり、いわゆる北軍的アプローチを重んずる陸軍の代表者であった。かくて介入の考えは放棄されたのである。

ところが、一九六一年までに、統合参謀本部のリアリズムは急転する。マックスウェル・テーラー将軍の「柔軟反応」戦略にたつ、ゲリラ対抗作戦によってインドシナ確保が必要であるばかりでなく、それが可能であるという確信にかわっていった。

一九六二年一月までに、ふるいドミノ理論が復活し、手段の限界を忘れて米軍の戦略目標は上昇しつづける。

——「東南アジアの戦略的重要性は、その地域で米軍が抵抗に成功することによって自由世界にあたえる政治的価値にある。おなじく重要なのは、自由主義陣営たると共産主義陣営たるとをとわず、いずれに属する国々にたいしても、合衆国が確固たる立場をしめすことがもたらす、その心理的インパクトである」（国防総省メモランダム・一九六二年一月十三日）

ベトナムでの米国のディレンマ

問題は、なぜこのような戦略的思考の一種の「宙がえり」現象が生じたのか。

もともと一九五四年当時、空軍万能のラドフォード統合参謀本部議長でさえ、インドシナ半島は中国の周辺部にすぎないゆえ、本格的な介入を決意するなら、核兵器をふくむ総力をあげて、その中心部たる中国本土をたたきつぶす以外にないことを知っていた。その心臓部を壊滅させる意志を欠くのに周辺部に介入することは、もっとも「悪しき戦争」となることをよくわきまえていた。

要するに、ベトナムでのアメリカのディレンマは、つぎのことである。

もしアメリカがベトナムで達成したいと考える戦略目標が、北からの共産勢力の浸透をおさえ、ベトナム全土の共産支配をふせぐことにあるならば、その目標に見あった手段は、北ベトナムの全面破壊——核兵器の使用もしくはその威嚇をふくむ、攻撃能力の総力をあげて、北ベトナムの産業基盤、住民を抹殺し、上陸侵攻、その全土占領でなければならなかった。むろんこの手段をとれば、対外的には中国およびソ連の軍事介入をまねくリスクがきわめて高く、西ヨーロッパ諸国、日本をはじめ、同盟諸国との友好関係をそこなう結果になる。それのみか、国内的には、国民世論の支持を得られないこともあきらかであった。

じじつ、一九六六年、アメリカの軍当局はハノイ、ハイフォン両市の無差別爆撃で、両市の産業基盤を壊滅させ、ハイフォン湾の封鎖をしつっこく求めてきた。空軍当局者は、第二次大戦末期、原爆の対日使用の先例を引いて、あのとき、もし原爆使用にふみきらなかったら、日本本土の上陸作戦によって、アメリカ軍の戦死者は、七五万人と想定されると述べて、北への無限定、無差別爆撃を正当化しようとした。ジョンソン大統領は、この七五万人という数字をどうしてはじきだしたかに興味をもって訊いた。

ペンタゴンの若い優秀なスタッフが、過去の上陸作戦にかんする損耗率データをコンピュータに投入した結果、この数字が得られたと答えた。ジョンソンは、その若いスタッフに会いたいと求め、そのスタッフにこう言ったという。

——「もう一つ、君たちのコンピュータにやってほしい問題がある。もし大統領が北べトナムにたいしてそのような手荒な行動に出たら、五〇万の怒り狂ったアメリカ人がホワイトハウスの塀を乗り越えて大統領にリンチを加えるのにどのくらい時間がかかるか、一つ計算してほしい」。ハノイとハイフォンの爆撃計画は、これで一時、中止されることになった(D・ハルバースタム『ベスト&ブライテスト』浅野輔訳、一九七六年、サイマル出版会)。

したがって、目的と手段のバランスという見地からすると、論理的に国内には二つの極端なグループが生ぜざるをえない。ひとつは、その政策目標(共産勢力の封じ込め)に見あうまでに手段の水準を徹底的にエスカレートさせることを求めるグループである。それは、迅速に北ベトナムの住民、軍事目標、産業基盤を壊滅させ、上陸侵攻、占領するか、それができないまでもルメイ戦略空軍司令官がいったように、北ベトナムを「石器時代」にもどすという、いさましいタカ派の立場である。しかし、マクジョージ・バンディがルメイを皮肉ったように、「ベトナムはもともと石器時代にいる」ので、いまさら何を壊そうとするのかという反論がでてくる。他方、アメリカのもつ手段の限界、政治的制約を認め、その力の限界に見あうレベルにまで、政策目標をさげる立場である。このハト派の立場は、一九六七年中葉ごろから、しだいにアメリカ国内で力を増していく。しかし、アメリカ国民の世論が変化して、南ベトナム人を援助に値しない国民として放棄してもかまわない、というレベル（米軍の全面撤兵）にまで、政策目的をさげるには、その後ずいぶん時間がかかった。

他人の不幸など、自分に直接かかわりのないことはどうでもいいと、あの悲惨なベトナム難民にさえ援助の手をさしのべようとしない、われわれ日本人の国際的な道義不感症、エゴイズムの眼からみればアメリカ国民の直面した倫理的ディレンマや苦悩は、とうてい理解できないであろう。

北ベトナムの指導者が、狡知にたけた戦略家でなく、太平洋戦争当時の日本軍指導層なみの知能で、ダナン、カムランの米軍基地かフィリピンの基地に、第二のパール・ハーバーをやってくれたらアメリカはどれほど助かったかはかりしれない。おそらく、アメリカの戦争目的は潜在能力に見あった最高次（総力戦）まで一気に上昇し、ルメイ元帥のいうように、一夜あければ北ベトナムは、石器時代に還元されていたであろう。

北ベトナム指導者は、むろん、そのことを十二分に知っていた。挑発的攻勢でアメリカを刺激せず、つねに平時の目標水準にとどめおき、その枠内でアメリカの抗戦意志をくじくため、あらゆる狡知を駆使した。しかし、アメリカ人には「ベトナムで共産主義者に屈することはできない」という戦略目標について、コンセンサスがあった以上、勝つことも敗けることもできない宙ぶらりんの窮境にとどまらざるをえなかった。介入が失敗であり、愚行であることを知りながら、威信をうしなわず、そこから脱出する道を見いだすことがなかなかできなかった。

しかし、われわれが見うしなってはならないことは、ケネディ政権が、ベトナム介入が危険の多いギャンブルになることを知りながら、あえてグリン・ベレーの派遣をきめた背景には、ひとつには、ゲリラ対抗作戦への過信とマクナマラのシステム分析に象徴される政治的英知を欠く「合理主義」があったが、まぎれもなく共産主義の専制と抑圧、戦略的に計画された集団テロの残虐にたいするヒューマンな道義的怒りがあったということである。

たしかに米軍介入の徒労をおわらせるながい努力の過程で、アメリカの新聞、雑誌、テレビの解説者は、南ベトナム政府の腐敗、欠陥をことさら誇張し、初期段階における北ベトナム政府のおかした数々の、眼をそむけるような残虐行為を故意に隠蔽し、軽視してきた。

「教育のある、反戦運動に従事した人たち、とくに若者ほど、つねに南ベトナム人にたいして、異常なほど冷淡であった」（D・リースマン「ニューヨーク・タイムズ」一九七五年五月十一日、日曜版）のである。「南ベトナムが援助に値しない国民」として見すてることが、ベトナムの苦境から脱出できる第一の前提条件であったからである。ここに民族解放戦争と革命戦争の混合形態であるベトナム戦争の、真のおそろしさがある。

民族解放か革命戦争か

ひろく「国際内戦」といわれる非対称紛争には、人民戦争、民族解放戦争、革命戦争があるが、通例、それらを厳密に区別しないでいっしょくたに論じることが多い。

第一次インドシナ戦争やアルジェリア戦争は、典型的な脱植民地化をめざす民族解放戦争であった。ことにアルジェリア戦争では、解放戦線（FLN）が共産主義者の支援なしに純粋に民族独立のため、植民地主義者（コロン）やフランス外征軍とたたかった。第一次インドシナ戦争も、トンキン、アンナン、コーチシナの各地での、フランス植民地勢力にたいするベトミンの戦いであった。それは、四〇年代末、共産中国の出現でやや性格がかわったかにみえたが、本質的には反植民地主義の民族解放戦争であることにかわりはなかった。

ところが、毛沢東の中国内戦は、終始、革命戦争であって、民族解放戦争ではない。日本軍の干渉と、やがてアメリカの部分介入で、民族解放戦争の性格をおびたが、毛沢東は内戦をたたかう過程で、世界的規模にたつ革命戦争であることを片時も忘れたことはなかった。

ベトナム戦争は、右の文脈でいうと、両者の混合形態であった。とくに一九五四年のジュネーヴ協定が、第二の内戦をよびおこしたが、六〇年代、アメリカがフランスにかわって介入をふかめるにつれて、ベトナム戦争は、アルジェリア型の民族解放戦争から、毛沢東型の革命戦争に性格を変えていった。

わが国では多くのジャーナリスト、知識人が、両者の本質的区別を知らず、ベトナム戦争を、民族解放闘争とあたまから規定し、アメリカ帝国主義を非難したが、これが見当ちがいであったことは、一九七五年四月、北ベトナム正規軍がサイゴンに侵入したときあきらかになった。ソ連のつよい支援のもとで、ソ連から供与された重戦車、一三〇ミリ長距離砲、さらに「PGM」(精密誘導装置)つきのSAM―7対空ミサイルなどの超近代兵器で武装され、ゲリラ型から在来型の戦闘にきりかえて、サイゴンに侵攻したとき、北ベトナム正規軍の指導者が、「われわれははじめから一貫して革命戦争をたたかってきた」ことを明言したことでも、すでにあきらかである。

およそソ連や共産主義のきらいな、平均的日本人が、ベトナムでは、アメリカを非難し、解放戦線と称するグループに同情と支援をおしまなかったのは、この内戦が、本質的に、民族解放をめざすもので、共産革命をめざすものではないと信じこんでいたからである。

では、民族解放戦争と革命戦争とでは、どこが本質的にちがうか。

前者は、植民地支配にしがみつき、その既得権益をまもろうとする植民地支配層や外征軍と、民族独立をめざす解放戦線との「意志」のテストではあるが、ゼロサム・ゲームではない。力関係のうえにたった政治的妥協による「暫定協定」に達することも可能である（一九五四年のジュネーヴ協定。一九六二年のフランス・アルジェリア協定）。だが、後者は、革命勢力と現状維持勢力との対立に、色こくイデオロギーと「体制の選択」の争点がからむため、妥協不可能なゼロサム・ゲームの死闘となる。しばしばいわれるように、現状の維持を支援する海外派遣軍（米軍）は、「勝たなければ敗けだ」が、革命勢力は、「負けなければ勝ち」となる。したがって、その結着は、中国内戦のばあいには、蔣介石政権の台湾への亡命、本土の国民政府軍の無条件降伏におわったし、ベトナム戦争のように、アメリカ外征軍の完全撤兵、サイゴン陥落と、その無条件降伏、共産勢力の全面勝利でおわるか、カンボジア革命のように、旧政府協力者の皆殺しというかたちで終結する。そのあいだ、お人好しのリベラル、理想主義者、民族主義者、社会主義者、反戦主義者、平和主義者などは、レーニン以来の民族統一戦線なるもので、徹底的に利用される。が、ひとたび革命権力が確立されれば、その人たちの運命がいかなるものか、あとになって気がついてもおそい。だが、もっとも罪ぶかいのは、マスメディアを通じて、素朴な人びとを「騙す側」にたつ知識人である。

その政治目的の点で、民族解放戦争と革命戦争は区別できるが、その戦争の方法、戦略、戦術については、きわめて共通点が多い。戦争の基礎である「能力」の点からみれば、解放勢力や革命勢力の力は、本国からの派遣軍と比較にならない。アメリカは、中ソとの全面戦争のリスクを覚悟すれば、北ベトナムを一夜にして、石器時代にもどすことも可能であり、封鎖も、上陸も、占領も可能である。しかし、解放勢力にはその力はない。その意味で、能力の非対称性がある。だが、注意すべきは、国際内戦では、対外関係のレベルと、その国内闘争のレベルとで、ことなった非対称性をもつことである。つまり、アメリカは、グローバルな規模では、モスクワや北京の挑戦をうける現状維持勢力の総本山である。そこでの「封じ込め」という戦略は、基本的に戦略的守勢であるといっていい。

これにたいして、国内的にみれば、朝鮮戦争やベトナム戦争が典型的であるように、革命勢力である北朝鮮、北ベトナム、そして南側内部にひそむ解放戦線は、腐敗した弱い政権を打倒し、あたらしい体制をうちたてようとする変革の担い手である。革命戦争の基本戦略は、軍事能力の点でも優位にたつまで、政治的には攻勢、戦略的には守勢という姿勢をとり、戦術レベルでは、カメレオンのように千変万化する柔軟な守勢と攻勢を組みあわせるゲリラ戦のかたちをとることができる。

ゲリラ戦は、軍事、政治、心理の三要素をたくみに組みあわせることからなりたっている。「戦場」もまた、フロントなき戦場から、支配領域内部、「国連」という国際機関、ジュネーヴ、パリ、その他の外交交渉の場、さらには現代のテレビ時代には、そのリビング・ルームにまでひろがっていく。アメリカは、たとえせまい意味での戦場で勝利をおさめても、本国のリビング・ルームで敗れるかもしれない（テト攻勢の例）。

ゲリラ戦は、カメレオンのように千変万化する。革命勢力は、現状維持勢力の抗戦意志をくじくためならば、あらゆる手段――国際法でゆるされている正規の方法のみならず、非正規の手段――とくに、非戦闘員、一般市民を戦争にまきこむ、あらゆる非情な方法を駆使することができる。

その初期段階における基本戦略は、「合法化された無政府状態（アナーキー）」を創出することにある。小は「学園紛争」から大はアルジェリア、ベトナム、中国内戦まで、相手側の対抗手段のエスカレーションに対応して、つねに自己の選択範囲を極大化し、敵の選択を極小化することに戦略目的がおかれている。

この「合法化された無政府状態（アナーキー）」をつくりだす手段として、ゼネスト、デモ、大衆団交から、警官、行政官、およびその家族へのテロ、誘拐（人質）、やがて街頭での無差別テロにいたるまで、すべてが、戦略的に計画された作戦として仮借なく実施される。中立的な民衆を民族解放の大義にめざめさせる政治説得や宣伝に重点をおくよりも、政府への協力者、同調者へのテロからやがて、解放勢力に同調しない中立者、反抗者への報復とすすみ、間断ない恐怖と脅威、黙従のムードをつくることで、ひろい民族統一戦線がつくりだされていく。

「無差別テロ」の目的

わが国のナイーヴな人びとがいちばん理解していないことが、この初期段階における無差別テロの残虐性である。私が大学紛争のときも、つくづく痛感したことのひとつは、新聞人をはじめ一般人のイマジネーションの欠如である。人間とは勝手なもので、自分の身にふりかかるみぢかな危険なら、それこそ気違いじみたさわぎになる。いつぞや三菱重工業本社爆破や一連の企業爆破事件のとき、八名たらずのテロリストには、「市民の顔に潜めた〃悪意〃」といって糾弾していたおなじ新聞が、その残虐性、規模、組織、計画性においても比較にもならないインドシナ半島のテロリストたちを、「民族解放戦線」とよび、「体制の勝利」であるとか、「大国も民族主義には勝てない」など、共感と同情をおしまなかったのである。西独の対ゲリラ特殊部隊GSG9による「モガジシオ奇襲作戦」の劇的成功で人質全員が無事救出されたとき、その特殊部隊が例のケネディのつくった「グリン・ベレー」そっくりであった。そのとき、私はつくづく人間とは勝手なものだとおもい、「今にしてわかること」という短文を書いたことがある。

要するに、八名か一〇名たらずのテロリストなら、新聞も知識人も、身の危険を感ぜずに、「市民の顔に潜めた〝悪意〟」と非難できる。しかし、これが数百名になり、数千名になったらどうなるか。確実に予測できることだが、日本の新聞、雑誌は、いっせいに沈黙するか、このテロリストを民族解放か革命の戦士とたたえる文章を掲せるにちがいない。

暗殺、人質、誘拐、無差別テロという、手段はおなじでも、そのおかれた状況、社会体制、目的（大義）がちがうという、こざかしい議論をするまえに、黙ってつぎの数字をみてほしい。これは、米国上院ベトナム救援小委員会の報告書によるものだが、ベトナム一般市民（村長、役人、警官およびその家族など）にたいする暗殺、誘拐、人質の数字である。

	暗殺	誘拐（人質）
一九六〇年	一四〇〇	七〇〇
一九六二年	一九一九	九六八八
一九六三年	二〇九三	七二六二

この地獄図を知りつつも、戦略的英知から、あえて介入が賢明でないと自制し、それを見殺しにするか、予想されるリスクを覚悟しても、グリン・ベレーのベトナム派遣を決意するか、ケネディの胸中は複雑であったにちがいない。われわれは、たしかに、「あと知恵」からケネディの決断を愚行であったといえるとしても、道徳的に非難することはできない。それができる人は、無知か、よほどのイマジネーションの欠けた道義的鈍感症か、それとも、かつてマックス・ウェーバーが喝破したように、キリストか、聖フランチェスコのような聖者のみであろう。白人の援けなしには共産化を防ぐことはできないし、白人とともに戦えば勝ちめがない。警視庁機動隊の援けなしには学園紛争をおわらせることはできないし、機動隊とともに戦えば全共闘にたいして勝ちめがない。

われわれ大学人も、アメリカの悲劇がわかるまでずいぶん時間がかかったのである。ビスマルクがいったように「愚者は自分の経験からのみ学ぶ」ほかないのであろうか。

革命戦争は、政治戦争である。それは、どちらが民衆の心をとらえるかの心理戦をともなう。とくに、ケネディ政府がベトナムに介入していった当時、ゲリラ対抗作戦のうち、軍事的手段を優先させるか、政治的心理的側面を重視するかで、対立が生じたのはとうぜんであった。

一般に、前者の推進者はペンタゴン(タカ派)で、後者が国務省(ハト派)であるといわれているが、これは正確ではない。

事態はもっと複雑である。一方の側に、国務次官補レベルおよびそれ以下の若い国務省スタッフの大半、CIAの中級幹部がいる。このグループは、直接的な軍事介入に反対である点ではハト派的であったが、ゴー・ジン・ジェム南ベトナム政府と政府軍に痛棒をくわえ、徹底的にテコ入れしないかぎり成功しないと考える点では、タカ派的であった。

これにたいして、ハイレベルの国防総省幹部、職業軍人、CIAのトップは、ゲリラ対抗作戦の純軍事側面を強調し、南ベトナム政府の複雑な組織やその社会改革にふかいりすることに反対であった。かれらは、要するに、ベトコンにはタカ派的だったが、ジェム政権にはハト派的だった。

したがって、前者の政治・心理作戦を重視し、国内権力機構の効率化をはかるグループは、実力の形態も、警察力を重視し、在来型の軍隊ではないものを要求し、後者は、南ベトナム軍の再訓練と装備の近代化を重視した。

前者のグループには、ロジャー・ヒルズマン、エドワード・ランズデール、M・フォレスタルなどがいる。グリン・ベレー型の特殊部隊を重視し、マラヤのゲリラ対抗作戦での経験を生かすイギリスの有名なロバート・トンプソン准将の助言をいれ、戦略村構想などが生まれた。両グループとも、その意見の相違は主として強調点とニューアンスのちがいにあった。

ベトナム民衆の心をつかみ、政治的支持をかちとり、その政治的心理的テコ入れをおこなう権力機構（leverage）をつくるうえで、最大のガンとしてヤリ玉に上がったのが、かつてはフランス植民地軍であり、六一年以降は、ジェム政権であった。この点から、ロジャー・ヒルズマン、ランズデール、フォレスタルやマクナマラ国防長官ならびにケネディ大統領自身などは、アメリカのリベラル派共通の錯誤をおかすことになる。つまり、「フランスとともに戦っては勝てないが、フランスなしには戦えない」と同様に、「南ベトナム政府とともに戦っては勝てないが、南ベトナム政府なしには戦えない」というディレンマを直視する政治的英知を欠いていたことである。

中国大陸のばあいには、軍事介入に必要な米国の軍事力を欠いていたばかりでなく、腐敗した国民政府という権力機構の脆弱性・非能率性も十分わかっていた。朝鮮戦争のばあいは、軍事力にかんするかぎり、在日米軍の出動という応急措置で弱体であったが、李政権という、はるかに能率のいい権力機構をもっていた。ベトナムでは、中国大陸のように、双方とも明白に欠如していたら、介入をためらったであろうが、前者の米国の軍事力にかんするかぎり、当時の軍当局者はマックスウェル・テーラーの柔軟反応戦略で自信をもっていた。問題は権威主義的なジェム政権の腐敗、抑圧、非能率のみとみられた。

ここから、前者のリベラル派は、ＣＩＡとともに政治的陰謀によるジェム政権転覆という最悪の選択にふみきることになる。このクーデタ計画に一貫して反対していたのは、ジョンソン副大統領のみであった。彼は、「テキサスでは、見しらぬ悪魔より知りあいの悪魔を相手にしたほうがいいという諺もある」と、ジェムを擁護した。ジョンソンひとりのみが「かつてわれわれのおかした最悪のあやまり」と判断する良識をうしなっていなかった。

リベラル派の、あしき合理主義と、政治的賢さの欠如をしめす好例は、当時インド大使であった有名な経済学者ジョン・ガルブレイスの助言であろう。

彼は六一年、ケネディ大統領の諮問にこたえて、インドからの帰国途上ベトナムを視察し、覚書を大統領に提出している。それをみると、合衆国がジェム政権を除去しないかぎり改革は不可能であり、もしジェム政権転覆に成功すれば、勝利はそれほど難事ではないこと、ジェム政権にかわる軍事政権が、唯一の希望であることを強調している。「ジェム政権以外の政府なら、どんなまあまあの政権でも、反乱はまもなく鎮圧されよう」とノンキなことを書いている（前掲『ペンタゴン・ペーパーズ』第二巻）。

もともと、ゲリラ対抗作戦というのは、ガンの増殖過程とその治療によく似ている。外科手術で、患部を切除したとたんに、ガン細胞が全身に転移して、手がつけられなくなることがよくあるように、このジェム政権転覆のクーデタ以後、南ベトナムの村落の七〇パーセントちかくが、ベトコンに浸透され、「かれらの戦争」は、否応なく「われわれの戦争」となった。やがてジョンソン大統領は、北爆と地上軍大量派遣という「戦争のアメリカ化」をまねかざるをえない窮地においこまれる。

私はベトナム介入の歴史を公平にみるかぎり、政治家としてジョンソンをもっとも高く評価している。かれはケネディのあしき遺産をひきついだ文字どおり「悲劇の大統領」であった。

「システム分析」の功罪

三九回目の終戦記念日をむかえる。われわれは、太平洋戦争で米軍の圧倒的な技術、物量の力のみでなく、戦略・組織の面でも完敗を喫した。そのアメリカが、ベトナムでなぜ敗れたのか。そこで使用された兵器は、極言すれば、核兵器以外のすべての近代兵器が投入されたといっていい。太平洋戦争で完膚なきまでに米軍に打倒されたわれわれ日本人にとって、あの強大な力をもつアメリカがなぜベトナムで勝てなかったか、だれしも不思議におもう（この点については、拙稿「政治的資源としての時間」『時間の政治学』参照）。

日本の敗因はアメリカの物量と技術の優位にあったという「物量神話」があやまりであることは、つとに私も強調していたことであるが、最近、防衛大学校の若手教官〔野中郁次郎・戸部良一ほか〕を中心にまとめられた労作『失敗の本質――日本軍の組織論的研究』（一九八四年、ダイヤモンド社）が公刊されている。ここでは、戦略と組織（ソフトウェア面）に焦点をあわせて、ノモンハン、ミッドウェー、ガダルカナル、インパール、レイテ、沖縄の六つのケースにつき、そこに共通にみられる、わが軍の欠陥が、米軍との対照で、くわしく分析されている。だが、同書をよみ、とくに二章に掲載されている「日本軍と米軍の戦略・組織特性比較」（表2―3）をみると、苦笑をおさえることに苦労する。ベトナム戦争のケースでは、日本軍を米軍に、米軍をベトナム軍におきかえると、そのまま通用しそうな欠陥を米軍は露呈しているのである。

ひろく軍事専門家や軍事的リアリストたちが、過去の教訓として太平洋戦争を例にとり、米軍の科学主義、合理主義に対比して、日本軍の非科学性、非合理性を強調する。それはけっして間違いではないが、それだけにとどまっているかぎり、なぜ米軍がベトナムで敗けたのかの戦略分析には役立たない。むろん、アメリカの科学主義に、ベトナムの精神主義（革命的民族主義）が勝ったわけではない。また、よくいわれるように、米軍は、手枷（てかせ）、足枷をはめられて、力を限定し、小出しに使うという段階的エスカレーション戦略をとったがゆえに、敗けたのでもない。本書で私が強調したように、フォン・クラウゼヴィッツ以来のストラテジーにおける目的と手段の弁証法を忘れたからである。

しばしば「マクナマラ戦争」とよばれたベトナム戦争ほど、彼の導入した「システム分析」の功罪がとわれたこともない。かつてマクナマラ長官自身、「国防総省へシステム分析の手法を導入したことが、自分の最大の功績」とほこっていたが、こんにち、国防総省内でのシステム分析局(現在、プログラム分析評価局)は、往年の勢威をもってはいない。だが、多くの批判にもかかわらず、システム分析はたんに兵器調達、予算配分、計画の面のみならずアメリカの軍事問題にたいするアプローチに大きなインパクトをもっていることは否定しがたい。この種の戦略的思考がわが国でも、ひとつの「知のファッション」として有力となる気配があるので注意を要する。

まず、システム分析は、いわゆるオペレーションズ・リサーチ(OR)とはことなる。後者は、第一次大戦ころからイギリスで、ドイツのUボート対抗作戦などの戦術分析の補助手段として数学者の協力をもとめた時代にまでさかのぼることができるが、これが本格的に実戦で使われだしたのは、第二次大戦における「バトル・オブ・ブリテン」と「大西洋の戦い」からである。ここでは、かなり高級の統計数学がもちいられた。この草分け的存在であるブラッケット教授が指摘しているように、練達の経験ゆたかな参謀将校がおこなう予測と、ORの予測とでは、一〇対九の比率でほぼ一致する。おなじことは、ベトナム戦で、メコンデルタ地区の第九歩兵師団長、ジュリアン・J・イーウェル少将も、かなり低次の戦闘レベルの補助手段として、ORの有効性をみとめている。

だが、システム分析は、ORとちがい、数学ではなく、経済学がその基礎学科である。ここでは資源の最適配分、費用対効果比などの手法が中心となっている。戦闘分析でも、敵味方の力関係の分析でも、主として計量化できる「損耗率」がつかわれる。

たとえば、岡崎久彦氏が、『中央公論』（一九八四年七月号）での私との対談（「何が戦略的リアリズムか」／『新編現代と戦略』所収）で、「戦術でパリティーというのは、おおよそ一と一・五の間だそうですよ。一と一・五で戦争しますと、どっちが勝つか全然分かんない。運のいい方が勝ったり、作戦のいい方が勝ったりする」と指摘し、練度とか士気とか稼動率とかの質的な要因も「全部勘定に入れて、一対一・五、つまりほぼ同等（ラフ・パリティー）という」と定義している。この種のものの考え方が、ランド研究所や、国防総省の戦略思考の典型といっていい。

この種の〝合理的〟思考に欠けていたところに日本軍の敗戦のひとつの理由をみることに異論はないが、常識で考えても、この種の思考が、ミスリーディングなものであることはわかる。

すでに一九四七年ころ、有名な戦史研究者のS・L・A・マーシャルが指摘していたように、損耗率が低くても、弱い軍隊は、簡単に崩壊するし、死傷率が高くとも、抗戦意志がつよく、頑強にたたかいぬいて勝つ軍隊など、ザラにある。

この種の思考の最大の欠陥は、敵があたかも「受身のターゲット集合」であるかのように想定しないと計量化不可能になるため、相手側との反応と相互作用で力関係がきまるという自明のことを忘れがちになることである。外交、政治、戦争は、「恋愛」とおなじで、相手方の反応と相互作用を考慮にいれずにはなりたたない。フォン・クラウゼヴィッツいらい、こんにちでもかわらぬ、目的と手段、士気、攻勢と守勢の弁証法など、戦争でもっとも大切な、計量できない、インタンジブルな要因が、コンピュータに入力できないという理由で排除されるかたむきが生じてしまうことである。

このような一種の「ワンマン・チェス・ゲーム」的な戦略思考は、敵もまたおなじ戦略思想、兵器体系と手段の対称性をもつか、またはもつと想定したときのみに成立する。こんにち、アメリカの「戦略的思考のソヴィエット化」（ジョージ・ボールの語）とよばれる傾向がいちじるしくなってきたのは、このシステム分析的思考のもたらすとうぜんの帰結である。

かつて南ベトナムの一将校が、「あなた方の国防長官は統計数字がお好きらしい。われわれベトナム兵は、長官のお好きなだけの数字をいつでも提供できます。もっと上げろといえば上げるし、もっと下げろといえば、下げられます」とかたったという。遺棄死体数、戦略村の数、村落疎開計画など、すべて数値化され、戦況が判断される。この種の「偏差値」的思考が、米軍のもつ連帯感、団結心、廉恥心におよぼした、目にみえない精神的腐蝕作用は、おそるべきものがあった。要するにウソをつく習慣が一般化する。自己の部隊の成否が報告の数字できまるとなれば、どんな兵士、将校でも、意識、無意識のうちに、数字をごまかし、水ましするにきまっている。

また、ブルキングズ研究所の、ベトナム介入への政策決定過程のくわしい研究（レスリー・ゲルブ、リチャード・ベッツ『ベトナムのアイロニー』一九七九年）によると、日本の大方の読者の常識に反するような結論に達している。つまり、ハルバースタムなどの解釈とことなって、歴代の大統領はじめ、多数の政策決定エリート（国防総省、国務省、ＣＩＡ、議会など）は、その政策決定に際しては、きわめて民主的によく機能していたという。むしろ、それがよく機能していたにもかかわらず、失敗したということである。つまりアメリカ国民のコンセンサスを基盤に、それを複雑なルートで具体的な政策に現実化していくプロセスには、それほど、ひどい機能麻痺や誤導、情報操作があったわけではない。

「愚行の葬列」

一九六一年、ケネディ大統領がベトナム介入に足をふみいれたとき、進歩派、保守派をとわず、挙国一致にちかいコンセンサスがあった。

ベトナムの共産化を阻止し、南ベトナムの秩序を回復することについて、その実現化の困難性を指摘した少数の具眼の士はいたが、ほとんど圧倒的に国民の支持はケネディにあった。二四三ページの図がしめすように、ケネディ、ジョンソン、ニクソンなどのベトナム政策は、ほぼ世論の動きと一致しており、各段階でのベトナム政策への政府支持も、民主、共和、無所属の各党派別でほとんど差がなく、超党派のコンセンサスがあった。各政府はそのときどきの国民世論を忠実に反映し、多少の時間のズレはあっても、それを対ベトナム政策に具体化している。この点からみても、ベトナム介入の愚行は、エリートの罪だけではない。

要するに、アメリカも他国同様、全能ではなく、手段や資源の点で限界がある以上、それに見あったレベルに目標をさげるか、変えなければならないという自明の英知を学ぶのに、政府も国民も長い時間と貴重な犠牲を支払った、ということである。

ベトナム戦争支持の世論動向1965－71年

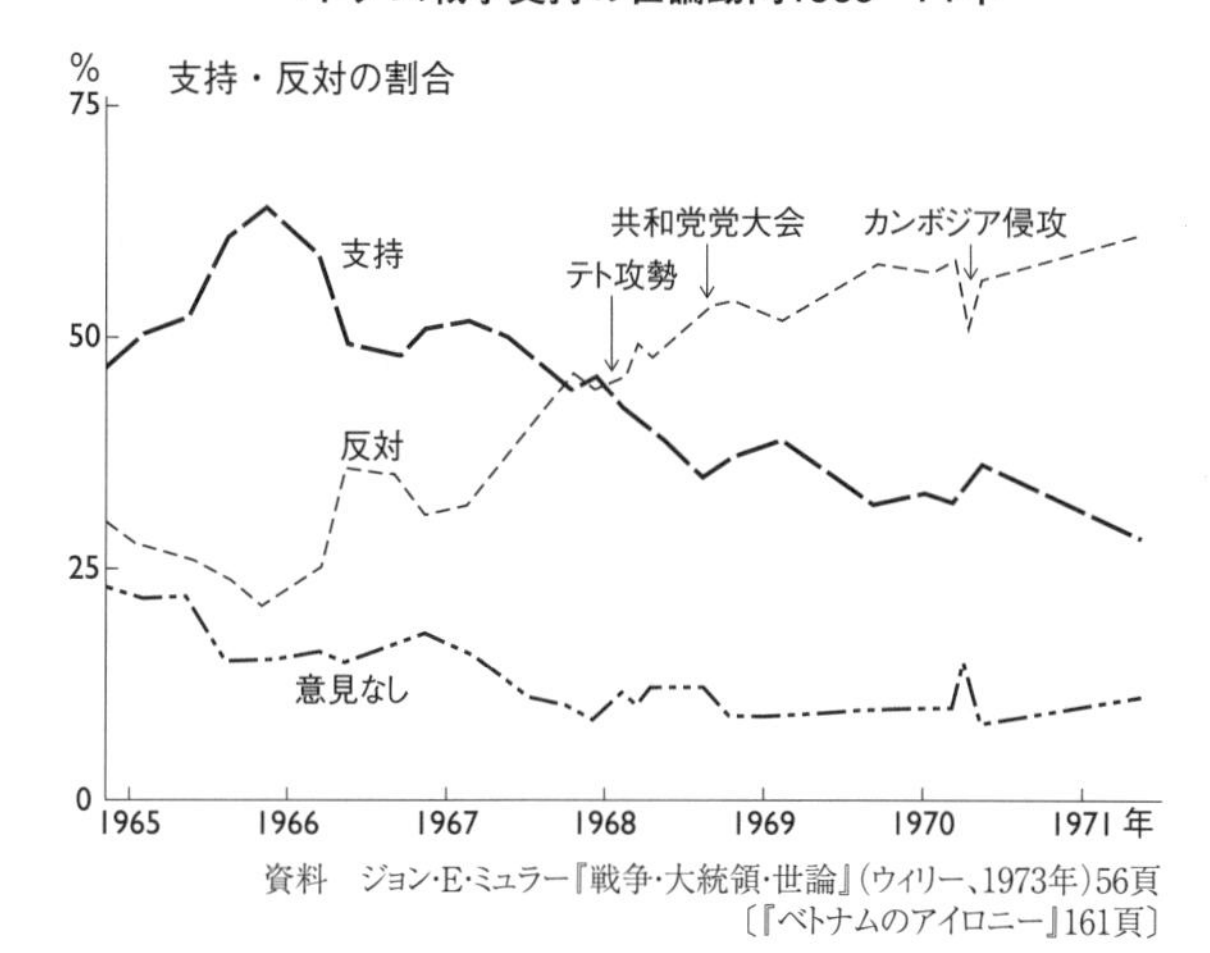

資料　ジョン・E・ミュラー『戦争・大統領・世論』(ウィリー、1973年)56頁
〔『ベトナムのアイロニー』161頁〕

%　党派別の支持率

75
50
25
0

民主党
共和党
無所属

1965　1966　1967　1968　1969　1970　1971 年

資料　同〔『ベトナムのアイロニー』163頁〕

そのプロセスは、日本が中国大陸に介入し、ずるずると太平洋戦争に突入していった歴史とすこしもかわらない。ことなっている点は、手段の限界を忘れて、エスカレーションを無制限につづけ、ついにアジア諸国の背後にいる米英と衝突するまで、ブレーキが効かなかった日本にたいして、アメリカのほうは、ともかく、ベトナムの背後にいる中ソ両国と武力衝突にいたる敷居までつきすすむことなく、中途でひきかえし、撤兵することができたということである。

この自制をうながしたものは、財政危機とならんで、核兵器という一種の「水晶球（クリスタル・ボール）」の存在であろう。歴史上の多くの愚行は、いかに賢く善意にみちた人間でも、そのおこなう行為の結果を正しく予測できない、ということからくる。「一寸先は闇」というのが政治の世界の特徴である。

もし第一次世界大戦がはじまるまえ、ヨーロッパ諸列強の指導者が、「水晶球」にうつる未来の地獄図（一三〇〇万の犠牲者）を見てとれたならば、戦争によろめき入ることを自制したにちがいない。戦後、核兵器の出現は、この水晶球の役割をはたしている。世界の超大国アメリカがついにベトナムからの撤兵の道をえらばざるをえなかったのも、フルシチョフがキューバからのミサイル撤去という屈辱を甘受したのも、核戦争という、目にみえる確実な未来像が、ホワイトハウスとクレムリンの水晶球にくっきりとうかびあがっていたからである。

いまアメリカでベストセラーになっているバーバラ・タックマン女史の『愚行の葬列』（一九八四年、クノップ／邦訳『愚行の世界史』）を読む機会があった。タックマン女史は、もと海軍諜報機関に勤務していたが、後、転じて歴史家となり、『八月の砲声』（前掲）で一躍有名となった。

タックマン女史は、この新著において、統治や政治の世界で、「三、四〇〇〇年の昔にくらべても、ほとんど進歩がみられない」（ジョン・アダムズ）のはなぜか、という古来の謎について省察をくわえている。

彼女は、統治（政治）の失敗を四つのカテゴリーにわける。

(イ)専制と抑圧。権力者の恣意による失敗で、その例は枚挙にいとまがない。

(ロ)野心過剰による失敗（ペロポネソス戦争におけるシシリー島占領をめざすアテネの野望から、ドイツの二度にわたるヨーロッパ制覇の野望、日本の大東亜共栄圏建設の野望など）。

(ハ)無気力と頽廃（ローマ帝国、中国清朝の末路）。

(ニ)愚行または、力の倒錯。

である。

ここで「愚行」というのは、その国家や党派の自己利益に反するような政策をことさらえらび、それが逆効果となることを知りつつ、それを途中でやめることができなくなることである。

つまり、歴史にみられる、目的と手段との倒錯であり、意図と結果のギャップである。したがって、歴史は「愚行の葬列」ではあっても、「あと知恵」によって過去をさばくことは、フェアとはいえない。女史は公正を期すため、「愚行」か否かを判定する三つの判断尺度を設けている。

第一が、「あと知恵」ではなく、その当時の常識、健全な判断、社会通念、価値観からみても、それが自己利益（あるいは国益）に反し、逆効果であることがとうぜんわかっていたか、すくなくとも、理性ある人間ならわかるはずであったということ。第二に、べつの選択肢があったこと。

たとえ当時の意思決定者が、これをとる以外に、「選択の余地」がないと、主観的に判断したばあいでも、冷静になって客観的にみればほかにとりうる選択の余地（ほかのオプション）がいくつか存在していたこと。

第三に、その選択がまったく単一の意思決定者によるものではなく、ある集団、党派による決定であったこと、つまり、その情勢判断や決定に反対していたグループ（少数の反対意見者（ディセント））が同時に存在していたこと——以上、三つの条件である。タックマン女史によればこの三条件にてらしても「トロイの木馬」から「ベトナム」にいたるまで、人類の歴史は、まさしく「愚行の葬列」といっていい。

この愚行の生じる件数は年とともに増加し、愚行の結果も、技術の発達で、そのおよぼす災厄の範囲、その程度も年ごとに増大の一途をたどりつつあることも否定できないであろう。

その愚行のきわみが核戦争のホロコーストであることはいうまでもない。たしかに、戦後四〇年ちかく、大国間の戦争がなかったことは、核兵器という水晶球の存在のおかげであることは否定できない。しかし、「愚行の葬列」の歴史をかえりみるとき、もはや、大国間の大戦争など起きないと安心するわけにはいかない。核戦争という手段に訴えても、あえて守らねばならぬ利益などありえないことを百も承知で、あえて核のボタンを押さざるをえないと、米ソの両指導者が信じこむような状況が生じうるし、こんにち、ますます、そのような状況の生じる確率が高まっているからである。

深刻な危機に直面したばあい、双方の軍事指導者が、こちらから先に核攻撃をしないと逆に先制攻撃をうけて、こちら側の核兵器施設が壊滅的打撃をうける恐れがあるということを理由に、戦略核兵力の総力をあげて、先制攻撃にでなければならないと、その緊急の必要性を説くような状況が生じうる。そのとき、それを熱心に説く軍指導者は、いわゆる軍事的必要性と戦略的合理性の名のもとに、それをつよく説得しようとするにちがいない。その緊急事態において、かれらが、それをいかにつよく説得しても、その意思決定に賛成する軍人、助言者が一人もいないような、戦略状況をつくるには、どうしたらいいか。このことに人類の将来がかかっている。

そのとき、この説得にあえて異をとなえる反対意見者の根拠（説得力）となるものはおそらく、「道義」や「道理」のみではなく、いくら先制攻撃をやっても、相手方の確証破壊能力を完全に無力化し、核攻撃ミサイルをすべて確実に破壊できないこと、敵に不死身の第二撃力、第三撃力が生き残るチャンスがきわめて高いこと、人口の密集した大都市をターゲットにたがいに攻撃せざるをえないようなハメになる確率が高いことなど、こういう手段の限界にかんする冷静な考慮が、その意思決定（ギャンブル）を思いとどまらせるうえで大きな要因になることはほぼ確実である。

これは容易ならざる複雑な英知と戦略を必要とする。

バーバラ・タックマン女史は、戦史こそ「愚行の葬列」の宝庫であることをみとめ、ベトナム戦争以外にも、第一次世界大戦時におけるドイツ潜水艦の無差別通商破壊がアメリカの参戦をまねいた事例と、日本海軍の真珠湾奇襲とを二大愚行としてあげている。

いずれも短期の戦術的利得が、長期の戦略的大失敗になった典型的な例である。フォン・クラウゼヴィッツは、戦略と戦術、政策と戦争との有機的関連を、目的と手段の弁証法からくわしく説いたが、要するに、個々の戦闘をいくら積分しても、ひとつの有機的全体たる戦争にはならないし、戦争をいくら細部の戦闘に微分しても無意味である。

前掲の『失敗の本質』のもつ基本的な欠陥もまた、このストラテジーの根本を忘れていることである。だから「開戦劈頭（へきとう）の真珠湾奇襲攻撃に代表されるように、日本軍の作戦成功例とみなすべきものも少数ながらいくつか存在した」などという、ばかげた指摘となる。むろん、ひとつの有機的全体としての第二次世界大戦から切りはなして、ひとつの戦闘としてみれば、なんの準備もない敵に不意打ちをくわせたのであるから、大成功であったことに間違いはない。

しかし、ひとつの戦闘がつぎの戦闘の成功への準備となるような、手段が目的となり目的が手段となるといった有機的なつながりを忘れた戦争の分析が、いったいどういう意味をもつだろうか。

また、「古今の戦史をひもとけば、専守防衛で勝った戦争はない」とか「攻撃能力なしの抑止力は考えられない」とか、自己の体験からも、他人の経験からも学んでいない、愚者以下のプロと自称する人たちがまだなんと多いことか。

さすがに日本国民のほうは、そういう軍事専門家なるものより、はるかに賢い。今日、われわれは、ソ連にたいして北方領土の返還をもとめている。しかし、うち三島に約一万の兵力を常駐させているソ連にたいして、武力を行使してもこの政治目的を達成しようと考える人は、一人もいないであろう。しかし、戦前は、日露戦争以降、同胞の血であがなった中国大陸の権益を放棄し、中国から撤兵するくらいなら、米英との武力衝突を辞さないという、いさましい日本人がほとんど大多数をしめていた。

自己の能力や手段の限界に見あうまで国家目標のレベルをさげるべきなど、口にするだけに非国民とされた。

戦後の日本国民は、自らの力の限界を知り、その資源や手段に見あったレベルに、日本の対外政策の目標水準をおくこと、つまり低姿勢外交に徹してきた。

これはすばらしいことといわなければならない。タックマン女史も、最近、急速につよまってきた日本のナショナリズムの動きを憂慮しながらも、戦後日本国民の偉大な英知を高く評価している。それは、敗戦という自己の体験のみならず、多くの他者の経験から学んだ日本国民の政治的英知である。愚行の葬列への最大の歯止めこそ、この英知にほかならない。

単行本あとがき

私は大学で国際政治を講じるかたわら、ここ十数年来、生産性本部のトップ・セミナーで戦略論の講義をおこなってきた。本書のアイディアは、企業で経済戦争に日夜、奮闘している実務家の方々との対話のなかから、おのずと発酵してきたものである。

現在、内外とも、たいへんな変革期にある。これまで自明とされた多くの理論が、急テンポに変動する現実においつけず、つぎつぎにその権威と信用をうしなっていった。とくに「この世界の謎をとき、歴史の基本動向をあかす鍵」を所有していると僭称した多くのイデオロギーや大理論がきびしい現実のまえに無残な姿をさらけだしている。多くの実務家は、いまや、既存の理論や組織に安住することもできず、さりとて、過去の経験も行動の指針とはなりえない。頼むものは、おのれ独りという、ギリギリの状況で日々、決断をせまられている。それは、あたかも濃霧のなか、底も知れない、果てしない大海原を航海する船の船長や航海士のような立場に酷似している。避難すべき港も、投錨するための底地もない。ただできることは、突如あらわれる氷山との衝突をさけ、細心の注意をもって船を進行させるだけといっていい。

この「不確実性の時代」において、ビジネスマンに戦史ものや戦略論がよく読まれるのは当然のことにおもわれる。

さいわい専門の国際政治や外交史関係の資料をみていると、ノンフィクションの材料にこと欠かない。その事実の宝庫を生かして、危機状況における指導者の決断の本質をえがきだすことができれば、この二十世紀という、かつてない野蛮と非文明の時代を生きぬくためのストラテジーを考えるのに役立つのではないかと考えた。わが国の防衛論争や戦略、危機管理といった問題に直接、関心をもつ各界の方々のみならず、各業界や職場で、日々、仕事(ザッヘ)にとりくむ実務家のサバイバル・ストラテジーを考えるうえにも役立つことができれば、望外のしあわせである。

本書は、『文藝春秋』(昭和五十九年一月号から十二月号まで)に、十二回にわたって連載されたものを一冊の単行本にまとめたものである。その後、内外の情勢もかなり変化したが、内容は掲載時のままで、ほとんど手を加えていない。ただ、掲載の順序にとらわれず、第一部「現代と戦略」と第二部「歴史と戦略」とにわけた。内容から前者では、主として、日本の防衛論争や防衛戦略をめぐる諸問題をあつかい、第二部では、「戦史に学ぶ失敗の教訓」といった意味で、歴史のケースに焦点をあわせている。

私の企画に賛同されて自由にスペースを提供してくださった『文藝春秋』の岡崎満義元編集長および堤堯現編集長に心から感謝の意を表したい。また連載中、かなりの分量の資料をあつめるのに助力を惜しまなかった、編集部の宇田川真、木俣正剛の両氏にただただ感謝あるのみである。

最後に、たいぶの原稿を一冊の本にまとめるにあたって、たいへんな御苦労をかけた出版部の白川浩司氏に、あつく御礼を申しのべたい。

一九八五年二月五日

永井陽之助

インタヴュー
『現代と戦略』とクラウゼヴィッツ

――ここ数年、ビジネスマンのあいだで戦略論への関心がとみに高まってきています。本書『現代と戦略』が『文藝春秋』連載中〔一九八四年一月〜十二月号〕から多くの読者の注目を集め、完結後に文藝春秋読者賞を受賞したというのは、その流れの一つの象徴とも見られますが……。

永井　マルクス、ケインズといった従来神格化されてきた大理論家の理論に対する信頼が失われたことが大きな原因でしょう。すなわち、既成の権威にすがれなくなったとき、人が頼れるのは自分自身の経験だけです。こうした現代人の立場は、戦場に立ったときの将軍や一兵卒、あるいは参謀の立場と相通ずるものがあると思う。だから戦史を読み、その中から問題解決のヒントを得ようとするのでしょう。

それからもう一つ、歴史において「事件」はつねにオリジナルだけど、人間の思考や行動の基本的パターンはギリシャ・ローマ以来、同じことのくりかえしですよ。たとえば最近アメリカで、E・O・ウィルソンの「社会生物学」に代表されるような生物学的決定論が流行したり、地政学的決定論がもてはやされたりしているけれど、これらの現象は一九三〇年代のナチズム登場期の時代思潮を彷彿させます。マルクス主義にかわる構造主義の流行も価値相対主義のあらわれと見ることができ、三〇年代の能動的ニヒリズム発生期とのアナロジーを指摘できます。「西欧の没落」論の一バリエーションと考えられますね。

「摩擦」の理論と「待ちの論理」

――不確実性と時間の重圧をともなう戦雲状況での決断の経験が、現代社会のさまざまな場面での意思決定のヒントになるということで戦史や戦略論が読まれるわけですね。

永井　その際、本の中でもとくに強調したのですが、クラウゼヴィッツの『戦争論』の中のキーワード「摩擦（フリクション）」という概念がとても重要になってきます。クラウゼヴィッツはいかなる現場指揮官も避けることのできないミス、予見しがたい事故、情報のゆがみ、運不運をすべてひっくるめて「摩擦」と言っています。この「摩擦」を決断の際にどれだけ自分の考えの中にとり込めるかが重要なわけです。そして、このクラウゼヴィッツの「摩擦」の理論から現代の日本は、「待ちの論理」を学びとるべきであると私は考えています。

まず、「大東亜共栄圏」というグランドデザインを掲げてアジアに出ていって大失敗したという自分の経験、次に戦後のアメリカやソ連の外交・軍事政策の失敗という他人の経験の二つを通じて、積極的に出れば出るほど抵抗は大きくなり摩擦は増すが、自然に任せ待つことによって摩擦を減らすことができるという大事な教訓を得たと思います。対中国がその好例でしょう。中国は共産化したにもかかわらず、ナショナリズムという抗体によって毛沢東主義が生まれ、いつのまにかもっとも反ソ的な国家になってしまったというパラドックスが存在するわけです。だから、積極的に攻めるより「待ち」に徹することが、いちばん有効な戦略になります。

戦後日本の最大の成果は、この「待ちの論理」を身をもって実践したことにあります。それにひきかえ米ソのとった対外政策は、それが積極介入であった場合、ことごとく失敗しています。ベトナムやアフガニスタンのケースがその何よりの例証です。だからいまや「作為」から「自然」へという戦略パラダイムの転換を大いに提唱すべきです。

意図と結果のパラドックス

——「摩擦」以外にもいくつかキーワードがありますが……。

永井　まず、意図と結果のパラドックスをよく考えるべきでしょう。最近、臨教審の答申で個性を伸ばす教育ということが問題になりましたが、これに関連して、アメリカの社会学者D・リースマンが面白いことを言っています。なぜ日本はアメリカが失敗の結果、捨て去った教育制度をとり入れようとするのか、というのです。アメリカの教育制度における独創性の神話こそ、その意図と反対に、アメリカの没落の主因になったというのです。日本のマネの文化こそ、最大の教育効果が上がるという主張です。七〇年代のフェミニズム運動もいい例です。婦人の地位の向上というよき意図が、婦人の不幸と家族の崩壊という悪しき結果を招いたのです。

第一次大戦の経験も、「意図」と「結果」のパラドックスを見事に示した歴史的教訓であるといえます。「よりよい平和」の回復を願った開戦の意図が、巨大な内戦と革命の出現という結果をもたらしています。日本軍の中国内戦への介入が中国共産党の勝利を加速し、フランス、アメリカの軍事介入は民政の安定どころか、ベトナム、カンボジア革命の生き地獄を生み出しています。現代史のいたるところに、「意図」と「結果」のギャップの見本がごろごろしてます。

目的と手段のバランス

――「目的と手段」についても、アメリカのベトナム軍事介入を例に挙げて、詳細に論じられていますが……。

永井　そう、「意図と結果のギャップ」と並んで、戦略においては「目的と手段のバランス」が重要だと思います。本書でも強調しておきましたが〔『歴史と戦略』第Ⅵ章〕、戦略の本質は、「自己のもつ手段の限界に見あった次元に、政策目標の水準をさげる政治的英知」、つまり、目的と手段のバランスをよく見きわめることだ、と私は考えています。目的と手段のダイアローグを忘れたために犯した戦略上の大失敗の一例が、アメリカのベトナム戦争介入であったわけです。戦後の対共産中国政策においては、広大な中国大陸において航空兵力のみで制空権を確保するのはとても難しい、必然的に地上軍の大量派遣を招くおそれがあると判断し、軍事介入を抑制したわけです。

ところが、ベトナムの場合は、空母の航空兵力のみで制空権を得ることができると、インドシナ半島の地形から判断し、介入、やがて泥沼化といった経過をたどりました。つまり、アメリカの政策目標が、共産主義勢力の封じ込めということに置かれたために、それを実現するために手段がどんどんエスカレートしていったわけです。そこで、ルメイ戦略空軍司令官のようなタカ派が、「北ベトナムを石器時代にもどす」といったような発言をすることになった。しかし、最後には米軍の全面撤兵というレベルにまで政策目標を下げざるを得ませんでした。日本の大東亜共栄圏思想なども、その目的と手段のバランスを考慮していないという点で、当然のことながら戦略論としては下の下といわざるを得ませんね。だから、現代の日本にとっていま一番大事なことは、手段と目標の設定のバランスをたえず見失わないようにすることです。ですから、あまり雄大なヴィジョンを描いたり、大風呂敷を拡げたりすることは、はなはだ危険であるといえます。

とにかく、戦後日本の成功の原因は何といっても、自らの力の限界を知り、その資源や手段に見あったレベルに、日本の対外政策の目標水準をおくこと、つまり低姿勢外交に徹してきたことだ、ということを忘れてはならないでしょう。政治的リアリストはこのことを熟知してます。

戦略的判断とは

――「意図と結果のパラドックス」「目的と手段のバランス」が現代の戦略を考えるうえで重要だというご指摘はよくわかりました。しかし、具体的な意思決定の場面においては、人間的要素が大きく影響してくるのではないでしょうか。碁に譬えれば、定石をいくらマスターしても、実践でそれをどう応用するかという点で力量の差がはっきりするように……。

永井　要するに、戦略的判断というのは天才のみがこれをよくなし得るというところがあるのですよ。秀才ではダメなんです。ベトナム戦争の際、マクジョージ・バンディ、マクナマラといった秀才たちが、その戦略的判断においてとりかえしのつかない失敗を犯したことは、D・ハルバースタムの指摘をまつまでもなく周知の事実です。天才の直観力のみが、戦雲状況において威力を発揮するのです。

それは何故かといえば、戦争の指揮とか企業経営といったものは、科学ではなくて、アートなんですよ。だから戦争を論理学や数学に類した厳密科学の対象と考えると、とんでもない誤りを犯す。コンピュータでいくら解析してみたところで、戦争に役立つ結論は得られません。戦争のアートは政治の芸術家の仕事なのです。戦闘の技術や用兵が職人の仕事であるのと対蹠的です。ナポレオン・ボナパルトやアイゼンハワーのような天才のみが、このアートをよく遂行し得るわけです。

もっとも、天才にも運というものが必要ですがね。卑近な例でいえば、王監督がいくら有能であっても、運がなければ試合に勝てません。

太平洋戦争における名提督の一人である第十六機動部隊指揮官スプルーアンスが、ミッドウェー海戦勝利の原因について、「われわれは運がよかった」とだけ述べているのを見ても、実際の戦闘で、運不運が勝敗を分ける大きな要因であることがよくわかります。むろん、マキアヴェリが言ったようにフォルトゥナ（幸運）の神は、女神であるゆえに、実力（ヴィルトゥ）をもって果断に進むものの側にほほえむでしょうけど……。

教養に裏打ちされた洞察力を

――運不運ということになりますと、どうしても占いや神託といった呪術的なものに頼るということになると思いますが……。現に、政治家や企業経営者の中に、意思決定の際に霊能者や占い師の助言を得る人びとが多数存在するといわれています。いかがでしょうか。

永井　現代が一九三〇年代に似ているというのは、そういう状況が三〇年代にも存在したということなのですよ。既成の理論ではどうすることもできない未経験の状況が出現したとき、人間はともすればオカルト的なものに頼ろうとする。そこでワイマール末期にヒトラーが登場し、意思決定の天才として悪魔的な魅力をふりまき、民衆を吸引していく。スターリンにしてもそうです。いわば悪の天才がリーダーシップを握るということになるわけです。これはもっとも危険なことです。

そこで、科学にもオカルトにも頼らず未経験の状況において意思決定する場合、何に依拠したらいいかという問題が出てきます。

私はその際、英語でいうコモン・センス、フランス語でいうボン・サンスが大きな役割を果たすと思います。私は、それをウィズダム、人間的英知と呼んでいます。要するに現代のような時代では、政治においても企業経営においても、広い教養に裏打ちされ、ものごとの本質を見抜く洞察力を持ったリーダーが必要になってくるのです。

――コモン・センスのような人間的英知といったものは、どうやれば身につくものでしょうか。

永井　イギリスのマイケル・オークショットという政治哲学者が、人間の知識を伝習的知識と技術的知識とに分けていますが、戦雲状況における意思決定の際に必要なのは前者の伝習的知識です。すなわち、ヨーロッパの支配階級が先祖代々伝えて来た、「帝王学」がいざというとき役に立つ。マキアヴェリの『君主論』はこうした世襲的な帝王学を持たない新興階級メディチ家のために書かれたものだし、マルクスやレーニンの理論はプロレタリアのための君主論であるといえます。

そこで現代に求められているのは、さまざまな場所にいるテクノクラートたちのための「新しい君主論」であると思います。彼らが決断を下すとき、何らかの意味で指針となるようなものがいま必要とされているわけです。経営雑誌に載っている人物論を、ビジネスマンたちが愛読するのも、そのいい証拠でしょう。

本書がその意味で実務家たちにどれだけ役立つかはともかくとして、すくなくとも現代社会における意思決定の際にどんな問題が横たわっているのか、その所在は明らかにしたつもりです。

（インタヴュア＝持田鋼一郎／『NEXT』一九八五年七月号）

解説　人間学としての戦略研究

中本義彦

「戦略を研究し、戦史をよむということは、人間性を知ることにほかならない」。この言葉ほど永井陽之助の戦略論の特徴を端的に示すものはなかろう。彼は、戦略研究を人間学とみなしていた。そしてそれを読者に「片時も忘れないでほしい」と願っていたのである。それでは永井にとって人間学としての戦略研究とは、いったいどのようなものだったのだろうか。ここでは、それを少し考えてみよう。

第一に、当然ながら、永井にとって戦略研究とは人間を研究する学問であった。それは彼が『現代と戦略』の第二部を「歴史と戦略」と題し、歴史に目を向けることによって現代の戦略を考えようとしていることからも理解されよう。モノを研究するのなら条件を人為的に変えて実験をすることもできるが、人間を研究する場合にはそうはいかない。われわれは、実験よりも経験から学ぶしかないのであり、だとすれば、自分の経験のみならず他人の経験からも広く学ばなければならない。永井がよく引用したビスマルクの言葉を借りれば、「愚者は自分の経験から学び、賢者は他人の経験から学ぶ」のである。

しかも、ここで留意すべきは、その際に永井が、具体的な事例を歴史上のコンテキスト（文脈）から引き離して寄せ集め、そこから一般的な原則を導き出す、というやり方を忌避していることであろう。歴史上の人物はモノではない。その人物は、自らが生きていた時代の流れのなかに存在していたのであり、あくまでその人物が置かれていた状況と一緒に考えられなければならない。こうして永井は、たとえば司馬遼太郎が提示していた乃木希典愚将説に疑問を呈し、当時の軍人たちの間に「攻撃は防御なり」という攻勢至上信仰が広く存在していたことを、そして新たに登場していた機関銃による防御力の革命的強化について彼らがほとんど無知だったことを指摘している。また、真珠湾攻撃を戦略的には愚策だったと評しながらも、山本五十六長官の人柄や、当時の政策決定者たちがある程度共有していたと思われる「日露戦争の苦い記憶」に理解を示しているのである。

第二に、永井にとって、戦略研究とは「人間くさい要因」を決して無視してはならない学問だった。その最たるものが、本書のキーワードともいうべきクラウゼヴィッツの「摩擦」である。戦闘行為は、水中の行動のように、「抵抗力のある媒体」のなかでの運動であるから、やみくもに行動しようとすればするほど、水圧と抵抗が増し、行動の自由を奪われる。ナポレオンやヒトラーのロシア侵攻の例を見るまでもなく、戦闘行為においては

「多くの予期しえないトラブル、つまらぬミス、事故、下級将校、兵の無能力など、無数の目に見えない、無形の要因」が無視しえない役割を果たす。人間はモノとは違って動機や意図をもつ存在であり、しかも「無形の要因」によって往々にして「意図せざる結果」に直面する。その不確実性を考慮に入れない「幾何学」のような戦略論は、一見、明快な指針になるように見えて実は実践性に乏しい。

こう考える永井は、たとえば、「現有兵力」のバランスのみを議論の中心に据える岡崎久彦に強く反発している。どれくらいの「兵力」が保有されているかだけでなく、それがどの程度実際に使用されそうか、そしてそれによってどの程度意図された目的が達成されそうかが問題なのだと永井はいう。岡崎の依拠する「現有兵力」の情報は、正確なのか。ソ連に、それを効果的に使用できる態勢は整っているのか。そもそもソ連は何を意図しているのか。自国の将来を楽観的に見ているのか、悲観的に見ているのか。永井は、ソ連の脅威を「能力」だけでなく「意図」も考慮に入れて測り、さらにそれに対する日本の行動がソ連の意図にどのような影響を及ぼすのかも、つきつめて考えようとする。そのうえ、そうした安全保障論議につきもののディレンマを直視しようとしている。

自立と安全、福祉と軍備、抑止と防衛と、本書にはさまざまなディレンマが登場する。「あちらをたてれば、こちらがたたない」。このきわめて人間的ともいえる状況を永井は意識的にとりあげている。超大国が支配する世界において完全な「自立」は不可能だが、かといって、超大国の保護による「安全」に完全に身をゆだねれば、国家の威信、栄光、プライドが傷つけられ、活力が失われてしまう。「福祉」つまり経済的な豊かさを追求して国力の基盤を強化することは大切だが、それをある程度犠牲にして「軍備」も整えなければ無政府的な国際社会のなかでは生き延びられない。潜在的な敵国からの攻撃に備えて「防衛」力を高めることは重要だが、それを高めすぎると相手への挑発になりかねず、「抑止」が破綻してしまいかねない。そうした「本質的な曖昧さ」を卓越した国家戦略はもたざるをえないのであり、それをスッキリと断ち切ろうとしたとき日本は再び国を誤るだろう。永井は、そう警告しているのである。

ここからも推測されるように、永井にとって戦略研究とは、第三に「政治」を擁護するためのものであった。利害や価値観の錯綜する（国際）社会にあって、人間はさまざまな対立やディレンマに直面せざるをえない。しかし、永井の考えるところによれば、そうした問題は「パズル」のように解けるものではないのであり、それを認識することが政治的思考の第一歩である。人間存在の地底からわき出る政治的問題は、「パズル」ではなく「困難」なのであり、「解決」ではなく「回避」「無視」「折衝」「妥協」「抑止」「対決」の対象である。そこに必要とされるのは、「いわば『波のり』のような永遠におわりなくつづく、弁証法的な不断の『克服』」なのであり、それを可能にする「わざ」(art)である。これが「政治」の本質にほかならないのだと、永井は『現代政治学入門』(有斐閣、一九六五年)で述べている。

こうした基本認識は、本書が依拠しているクラウゼヴィッツ流の「政治」認識と共鳴していると考えて差しつかえなかろう。「戦争は、他の手段による政治の継続である」。つまり、戦争は、政治の一断面に過ぎないのであり、戦闘行為のさなかにおいても「目的と手段の連鎖からなる有機的全体」たる「政治」を常に視野に入れておくことが肝要である。その最終目標は「よりよき平和」であり、あらゆる戦闘行為はこの目的のためにある。こうクラウゼヴィッツは指摘する。同じように、永井のいう「永遠におわりなくつづく、弁証法的な不断の『克服』」も「よりよき平和」を最終目標にしているといってよかろう。この目標を達成するために、われわれは「権力」と「利益」と「シンボル(言葉)」という人を動かすための三つの手段を巧みに組み合わせる「フィネスの精神」を発揮しなければならない。そしてその際、もっとも重要なのは、「摩擦」を考慮に入れながら利用可能な手段を冷徹に認識し、その「限界に見あった次元に政策目標(「よりよい平和」の中身)の水準をさげる」政治的英知なのだと永井は主張する。ベトナム戦争はその欠落の、「吉田ドクトリン」はその存在の証である。少なくとも三十一年前の永井は、そう考えていたのである。

ところで、以上のような稀有な「人間学としての戦略研究」は、どのような人間観からうみだされたのだろうか。永井は、人間が置かれた条件を、どのように理解していたのか。いかなる戦略論も生身の人間がつくり上げるものであり、その作者の人間観や歴史観、そして人生をいくぶんか反映している。永井のよく使った言葉を借りれば、「思惟は存在によって拘束される」のである。

クラウゼヴィッツの「摩擦」に共感していることからも推察されるように、永井にとって、人間とは不確実性の霧に覆われた存在であり、歴史とはかなりの程度まで偶然の繰返しであった。そして、こうした考えは、彼自身の経験からも導き出されていた。一九二四年に東京で医師の三男として生まれた永井は、福島県の須賀川で育ち、郡山の旧制安積中学に入学した。日米開戦を告げる大本営発表を下宿先の開成山大神宮で聞き、その三ヵ月後に卒業。仙台の旧制二高文科乙類（ドイツ語履修）に進学し、一年間の肺結核療養を経て四四年に学徒出陣で台湾の速射砲隊に入隊している。終戦とともに復員。旧制二高を卒業して、東大の法学部政治学科に入学。卒業と同時に助手となり、北大、東工大、青山学院大で教鞭をとった後、二〇〇八年に逝去している。

その人生を永井は講義やエッセーで回顧しているが、そこではやはり偶然が果たした役割を強調している。まず、体の弱かった彼にとっては、戦争から復員できたこと自体が「奇跡に近い偶然」であった。「よくぞここまで生きてこられた」というのが晩年の彼の率直な思いであった。次に、永井が青年時代に夢中になったのは文学、美術、哲学であり、政治学を選んだのは彼自身ではなかった。復員後に病床で苦しんでいる間に、彼の資質をよく知る次兄（後に分析哲学者になる成男）が、本人に相談することなく、政治学科に志望書を提出していたのだった。その後、大衆社会の政治意識を研究していた永井が国際政治の研究を始めたのも偶然からであった。北大時代に客員研究員としてハーバード大学に留学していたとき、たまたまキューバ危機に直面。核戦争の深淵を垣間見て、国際政治を学ぶ必要性を痛感したのである。

人生にも、歴史にも、必然的なものはほとんどないし、法則も予定調和もない。そこにあるのは不確実性、不安、不満であり、そうであるがゆえに、われわれは、「現実」に意味を付与して生きがいを見出そうと苦闘せざるをえない。「実存哲学」に強く影響されていた永井は、こう考えていた。そして政治学者の役割を、個々バラバラの事件に意味を与え、全体を統合して、（自己を含む）政治的行為者に成熟した思考を促す「公共哲学」を供給することに見出していた。

「外部への思惑は離れて、私個人の考えで、合理性だけで日本の国家戦略を詰める」。それが自分の仕事だと力説して、岡崎久彦は永井との対談（「何が戦略的リアリズムか」／『新編現代と戦略』所収）を締めくくっている。これに対して永井は、どう考えていただろうか。複雑な「現実」を前に不安や無力感にさいなまれる現代人を激励して、彼らが自律的に国家戦略について考える手助けをする。それが自分の仕事だし、そうした成果の一部として本書を読んでほしい。そう願っていたのではなかろうか。

（なかもと・よしひこ　静岡大学教授／国際政治学）

レーガン，ロナルド　22,
60, 61, 63, 65, 68, 70, 130, 160
レストン，ジェームズ　126
レーニン，ウラジミール
12, 16, 132,
154〜158, 162〜168, 227, 263
ロストーノフ，イワン・I　191
ロレンス，トマス・エドワード
200
ロンメル，エルヴィン
104〜106, 125, 132
ワインバーガー，キャスパー
21〜25, 28, 32, 70
渡部昇一　14, 158
ワット，ドナルド・C
171, 172, 180
ワトソン，ジェームズ・D　115

マ行

マキアヴェリ，ニッコロ　14, 16, 261, 263
マクナマラ，ロバート　62, 86, 199, 216, 224, 234, 238, 260
マクファーレン，ロバート　59
マーシャル，ジョージ　37, 79, 91, 92, 93, 94, 96, 97, 124, 151
マーシャル，S・L・A　240
マッカーサー，ダグラス　48, 73, 182, 218
マック，アンドリュー・J　204
マックリーン，ドナルド　127
マハン，アルフレッド・T　14, 214
マルクス，カール　16, 155, 156, 254, 255, 263
マンシュタイン，エーリッヒ・フォン　54
宮本武蔵　62, 63
村瀬興雄　148
メイ，アーネスト　15, 214
メッケル，クレメンス・ヴィルヘルム・ヤーコプ　185, 197
毛沢東　164, 225, 226, 256
モーゲンソー，ヘンリー　81
森鷗外　12
モリソン，サミュエル　26
モルトケ（小）　174, 178, 197
モルトケ（大）　164, 174
モントゴメリー，バーナード　105, 106, 122

ヤ行

山岡熊治　193
山本五十六　19, 25〜27, 34〜36, 41〜44, 48〜58, 78〜81, 106, 107, 187
山本権兵衛　128, 129, 198
米内光政　39, 81

ラ・ワ行

ラドフォード，アーサー・W　218, 220
ランメルス，ハンス　149
ランズデール，エドワード　233, 234
リースマン，デヴィッド　25, 26, 141, 152, 224, 257
リッベントロップ，ヨアヒム・フォン　135
リッジウェイ，マシュー　216〜219
リデルハート，ベイジル　11, 15, 30, 174, 177, 183, 185, 196, 199, 206
リーヒ，ウィリアム　83, 194
リフカ，トーマス　150
ルーズベルト，フランクリン　23〜25, 27, 37, 57, 78〜82, 85, 92, 93, 96〜98, 118, 122, 138〜141, 147
ルーデンドルフ，エーリッヒ　178
ルントシュテット将軍　143

ハフナー，セバスチャン 136, 141, 142, 146
バーリン，サー・アイザー 14, 171
ハルバースタム，デイヴィッド 222, 241, 260
パレット，ピーター 12
ハワード，マイケル 12, 13
バーンズ，ジェームズ・F 83
ハンティントン，サミュエル・P 69
ハンニバル・バルカ 185
ビアード，チャールズ・A 23
ビスマルク，オットー・フォン 164, 232, 264
日高壮之丞 128
ビーチ，クラーク 33
ヒトラー，アドルフ 14, 29, 31, 37, 55, 85, 87, 91, 94, 99, 117〜119, 122〜125, 132〜147, 149, 150, 153, 154, 166, 168, 179, 185, 195, 262, 265
ヒムラー，ハインリヒ 149
ヒューム，ロード・D 178
ヒルズマン，ロジャー 233, 234
ファローズ，ジェームズ 17
フィスク，ブラドレー・A 53
フォッシュ，フェルディナン 175, 178
フォレスタル，ジェームズ 83
フォレスタル，マイケル 233, 234
フォレット，ケン 110, 117, 118, 122
福岡徹 170
福島安正 197, 199, 269
福田恆存 170, 189
プランゲ，ゴードン・W 24, 58
ブラウン，アントニー・C 119
ブラント，アントニー・F 128
フリードマン，ウィリアム・F 96, 97, 111, 112
フリードリヒ大王 134, 158, 177, 186
フリハード，B・W 191
フルシチョフ，ニキータ 62, 76, 86, 149, 153, 244
ブルース，デーヴィド 118
ブルーメントリット，ギュンター 143
ブレジネフ，レオニード 60
フレミング，イアン 121
フレンチ，サー・ジョン 182
ブロディー，バーナード 12
ヘイグ，ダグラス 178, 182, 194
ペタン，フィリップ 178
ベッツ，リチャード 29, 241
ボイル，アンドルー 128
ホー・チ・ミン 164
ホフマン，スタンレー 16, 69, 70, 151, 155, 215
ホール，エドワード・T 84, 87, 88
ボール，ジョージ 215, 240
ホールヴェク，ウェルナー 12
ボルマン，マルチン 133, 149
ホーンベック，スタンレー 33, 34, 81

154, 156, 167, 262
スティーヴンスン, ウィリアム 110
ステッセル, アナートリイ 210
スチムソン, ヘンリー・L 81, 82, 126
スプルーアンス, レイモンド 261
スミルノフ, コンスタンチン 190, 191, 193
スローニム, ギルヴン・M 33
ソレンセン, セオドア・C 86

タ行

タックマン, バーバラ 245, 246, 248, 250
田中義一 201
谷寿夫 189, 198
田村怡与造 197
ダレス, アレン・W 73
チェルネンコ, コンスタンチン 61
チェンバレン, ネヴィル 42
チトー, ヨシップ・ブロズ 151
デーニッツ, カール 108, 109, 114
チャーチル, ウィンストン 57, 91, 95, 99, 101〜106, 116〜119, 124, 125, 127, 130, 136, 138, 139, 144, 145, 147
デューイ, トーマス・E 91〜93, 95, 96, 124
チューリング, アラン 112
テーラー, マックスウェル 219, 234
東郷茂徳 82
東郷平八郎 48, 128, 209
東条英機 41, 82
ドゴール, シャルル 199, 215
戸部良一 237
富岡定俊 38, 39, 41
トーランド, ジョン 23, 24, 96, 98
ドーリットル 52
トルーマン, ハリー・S 21, 83, 194
ドレイパー, テオドア 21〜23
トレバー＝ローパー, ヒュー 126
トンプソン, ロバート 233

ナ行

ナイ, ジョセフ・S 69
永沼秀文 200, 201, 207, 208
ナポレオン, ボナパルト 125, 158, 162, 163, 170, 175, 176, 184, 185, 199, 261, 265
ニクソン, リチャード 90, 242
ノイマン, ジョン・フォン 112
乃木希典 169, 170, 172, 176〜179, 181, 182, 184, 188〜192, 206, 208〜211, 265
ノックス, アルフレッド・D 111
野中郁次郎 237
野村吉三郎 26, 57, 78, 79

ハ行

パーク, サー・キース 104
バージェス, ガイ 127
パスカル, ブレーズ 163
バートレット, E・A 172

ギラン，ロベール　168
キング，アーネスト　93, 96
クラウゼヴィッツ，カール・フォン　11〜18, 56, 114, 132, 156〜158, 161, 162, 164, 165, 174, 181, 185, 194, 197, 198, 238, 240, 249, 254, 255
——『戦争論』　11, 13, 17, 56, 114, 156, 158, 162, 164, 255
クライン，バートン・H　147
クラーク，カーター　91〜93, 95
グリーン，グレアム　126, 127
グルー，ジョセフ　33, 81
クレマンソー，ジョルジュ　171
クロムウェル，オリバー　185
ケインズ，ジョン・M　187, 254
ケッセリンク，アルベルト　104, 106
ゲッベルス，ヨーゼフ　149, 166
ケナン，ジョージ　31, 32, 56, 216, 217
ケネディ，ジョン・F　61, 224, 230, 232, 234〜236, 242
ケネディ，ロバート　62, 86
ゲバラ　164
ゲーリング，ヘルマン　102, 149
ゲルブ，レスリー　241
ゴー・ジン・ジェム　233
コスチェンコ，イム　190, 193
児玉源太郎　48, 112, 177, 179, 183, 185, 186, 197, 198, 207
ゴッフリー，ジョン　121
小村寿太郎　46, 205, 206
小山勝清　201
ゴルシコフ　64
コンドラチェンコ，ロマン　191, 192

サ行

笹川良一　43
サッチャー，マーガレット　128
佐藤弥一　207, 208
サマーズ・ジュニア，ハリー・G　17
サルトル，ジャン＝ポール　15
重光葵　108
シーザー，ジュリアス　185
司馬遼太郎　170, 181, 182, 184, 186, 190, 265
嶋田繁太郎　34, 40, 49, 52
島貫重節　200
シュペーア，アルベルト　133〜135, 142, 146, 147
シューマン，フレデリック　138
シュリーフェン，アルフレート・フォン　173〜175, 192
蔣介石　213, 227
ジョフル，ジョゼフ　176, 178, 182
ジョミニ，アントワーヌ＝アンリ　13, 14, 162〜164
ジョンソン，リンドン　221, 235, 236, 242
シルズ，エドワード　127
スタイナー，ジョージ　180
スターク，ハロルド　35, 78, 79, 81
スターリン，ヨシフ　76, 99, 118, 132, 139, 140, 146, 149〜

人名索引

ア行

アイゼンハワー，ドワイト・D　95, 216, 217, 219, 261
アインシュタイン，アルバート　112, 113
アーヴィング，デイヴィッド　144〜146
明石元二郎　199, 201
秋山真之　48, 112, 128
秋山好古　207, 208
麻田貞雄　14
アチソン，ディーン　74, 76, 81, 215
アール，エドワード・ミード　14
アーレント，ハンナ　152
アレキサンダー　185
アレンビー，エドモンド　200
アロン，レイモン　16, 17, 157
アンドロポフ，ユーリ　60, 61, 66
イーウェル，ジュリアン・J　239
伊地知幸介　184, 186
伊藤博文　205
井上成美　27, 36, 42〜46, 48〜50, 52〜55, 77, 81
ウェーバー，マックス　14, 16, 194, 232
ウェルズ，サムナー　79
ヴェリーチュ，カ・イ　191
ウォッシュバーン，スタンレイ　208, 210
ウォールステッター，ロバータ　28, 29, 97
エマソン，ジョン・K　33, 34
エンゲルス，フリードリッヒ　155
及川古志郎　43, 49, 50, 191
オーウェル，ジョージ　59, 69, 148, 152〜154
大山巖　48
大島浩　94, 124
岡崎久彦　239, 253
オークショット，マイケル　262
小沢治三郎　50

カ行

桂太郎　198
加藤友三郎　128
ガルブレイス，ジョン　235
川上操六　197
キッシンジャー，ヘンリー　64, 154
キッチナー，ホレイショ・ハーバート　182, 193
金日成　74, 76
キム・フィルビー，ハロルド　127
ギャディス，ジョン・ルイス　17

編集付記

一、本書は『現代と戦略』（文藝春秋、一九八五年三月刊）の第二部「歴史と戦略」を文庫化したものである。文庫化にあたり、単行本巻末の「戦略論入門」を本書巻頭に置き、巻末にインタビュー「『現代と戦略』とクラウゼヴィッツ」（『ＮＥＸＴ』一九八五年七月号）を収録した。

一、本文中、明らかな誤植と思われる箇所は訂正し、数字の表記の一部を改めた。また新たに人名索引を付した。本文中の〔　〕は編集部の補足であることを示す。

一、本文中、今日の人権意識に照らして不適切な語句や表現が見受けられるが、著者が故人であること、執筆当時の時代背景と作品の文化的価値に鑑みて、原文のままとした。

中公文庫

歴史と戦略

2016年12月25日　初版発行
2019年 6 月30日　再版発行

著　者　永井陽之助

発行者　松 田 陽 三

発行所　中央公論新社
〒100-8152　東京都千代田区大手町 1-7-1
電話　販売 03-5299-1730　編集 03-5299-1890
URL http://www.chuko.co.jp/

DTP　ハンズ・ミケ
印　刷　三晃印刷
製　本　小泉製本

Published by CHUOKORON-SHINSHA, INC.
Printed in Japan　ISBN978-4-12-206338-9 C1131

各書目の下段の数字はISBNコードです。978-4-12が省略してあります。

中公文庫既刊より

タ-7-1
愚行の世界史（上）トロイアからベトナムまで
B・W・タックマン
大社淑子 訳
国王や政治家たちは、なぜ国民の利益と反する政策を推し進めてしまうのか。世界史上に名高い四つの事件を詳述し、失政の原因とメカニズムを探る。
205245-1

タ-7-2
愚行の世界史（下）トロイアからベトナムまで
B・W・タックマン
大社淑子 訳
歴史家タックマンが俎上にのせたのは、ルネサンス期教皇庁の堕落、アメリカ合衆国独立を招いた英国議会の奢り。そして最後にベトナム戦争をとりあげる。
205246-8

ハ-12-1
改訂版 ヨーロッパ史における戦争
マイケル・ハワード
奥村房夫
奥村大作 訳
中世から現代にいたるまでのヨーロッパの戦争を、社会・経済・技術の発展との相関関係においても概観した名著の増補改訂版。〈解説〉石津朋之
205318-2

シ-10-1
戦争概論
ジョミニ
佐藤徳太郎 訳
19世紀を代表する戦略家として、クラウゼヴィッツと並び称されるフランスのジョミニ。ナポレオンに絶賛された名参謀による軍事戦略論のエッセンス。
203955-1

ク-6-1
戦争論（上）
クラウゼヴィッツ
清水多吉 訳
プロイセンの名参謀としてナポレオンを撃破した比類なき戦略家クラウゼヴィッツ。その思想の精華たる本書は、戦略・組織論の永遠のバイブルである。
203939-1

ク-6-2
戦争論（下）
クラウゼヴィッツ
清水多吉 訳
フリードリッヒ大王とナポレオンという二人の名将の戦史研究から戦争の本質を解明し体系的な理論化をなしとげた近代戦略思想の聖典。〈解説〉是本信義
203954-4

マ-2-4
君主論 新版
マキアヴェリ
池田廉 訳
「人は結果だけで見る」「愛されるより恐れられるほうが安全」等の文句で、権謀術数の書のレッテルを貼られた著書の隠された真髄。〈解説〉佐藤優
206546-8